龙芯中科介绍 ➡

通用处理器是信息产业的基础部件，是电子设备的核心器件。通用处理器是关系到国家命运的战略产品之一，其发展直接关系到国家技术创新能力，关系到国家安全，是国家的核心利益所在。

中科院计算所从2001年开始研制龙芯系列处理器，经过十多年的积累与发展，于2010年由中国科学院和北京市政府共同牵头出资，正式成立龙芯中科技术有限公司，旨在将龙芯处理器的研发成果产业化。

龙芯中科面向国家信息化建设的需求，面向国际信息技术前沿，以创新发展为主题，以产业发展为主线，以体系建设为目标，坚持自主创新，掌握计算机软硬件的核心技术，为国家安全战略需求提供自主、安全、可靠的处理器，为信息产业及工业信息化的创新发展提供高性能、低成本、低功耗的处理器。

龙芯中科公司致力于龙芯系列CPU设计、生产、销售和服务。主要产品包括面向行业应用的专用小CPU、面向工控和终端类应用的中CPU、以及面向桌面与服务器类应用的大CPU。为满足市场需求，龙芯中科设有安全应用事业部、通用事业部、嵌入式事业部和广州子公司。在国家安全、电脑及服务器、工控及物联网等领域与合作伙伴展开广泛的市场合作。

龙芯中科拥有高新技术企业、软件企业、国家规划布局内集成电路设计企业、高性能CPU北京工程实验室以及相关安全资质。

龙芯历程 ➡

2001
2001年5月
在中科院计算所知识创新工程的支持下，龙芯课题组正式成立

2001年8月
龙芯1号设计与验证系统成功启动Linux操作系统

2002
2002年8月
我国首款通用CPU龙芯1号（代号XIA50）流片成功

2003
2003年10月
我国首款64位通用CPU龙芯2B（代号MZD110）流片成功

2004
2004年9月
龙芯2C（代号DXP100）流片成功

2006
2006年3月
我国首款主频超过1GHz的通用CPU龙芯2E（代号CZ70）流片成功

2007
2007年7月
龙芯2F（代号PLA80）流片成功，龙芯2F为龙芯第一款产品芯片

2009
2009年9月
我国首款四核CPU龙芯3A（代号PRC60）流片成功

2010
2010年4月
由中国科学院和北京市共同牵头出资入股，成立龙芯中科技术有限公司，龙芯正式从研发走向产业化

2012
2012年10月
八核32纳米龙芯3B1500流片成功

2013
2013年12月
龙芯中科技术有限公司迁入位于海淀区温泉镇的中关村环保科技示范园龙芯产业园内

2015
2015年8月
龙芯新一代高性能处理器架构GS464E发布

2015年11月
发布第二代高性能处理器产品龙芯3A2000/3B2000，实现量产并推广应用

2017
2017年4月
龙芯最新处理器产品龙芯3A3000/3B3000实现量产并推广应用

2017年10月
龙芯7A桥片流片成功

龙芯CPU产品 ➡

	Big CPU 桌面/服务器类	Middle CPU 终端/工控类	Small CPU 专用类
2015年 之前	65nm,1GHz 4 GS464 core 16GFLOPS LS3A1000	90nm,800MHz GS464 core LS2F0800	LS1A0300 LS1B0200
	32nm,1.2GHz 8 GS464v core 150GFLOPS LS3B1500	65nm,1GHz GS464 Core, SoC & NB/SB LS2H1000	LS1C0300 LS1D MCU
	40nm,1.0GHz (800MHz) 4 GS464E core LS3A/B2000 (LS3A1500-I)	65nm,800MHz GS464 core LS2I0800	
2016	28nm, 1.5GHz 4 GS464E core LS3A/B3000		LS1H MCU
2017	40nm, 3A配套桥片 LS7A1000	40nm,1.0GHz 2 GS264 core LS2K1000	
2018			LS1C0101 B36 A LS1C101
2019	28nm, 2.0GHz 4 GS464V core LS3A4000/3B4000		LS1A0500
2020	28nm, 3A配套桥片 12nm,2.5GHz 4/16 GS464V core LS7A2000 LS3A5000/ LS3C5000	28nm,2.0GHz 2 GS264 core LS2K2000	1D6 Application specific embedded SoCs

LOONGSON 龙芯

龙芯 CPU 开源计划与院校合作 ➡

在2016中国计算机大会期间，由教育部高等学校计算机类专业教学指导委员会和中国计算机学会教育专委会主办，由龙芯中科等单位承办的"面向计算机系统能力培养的龙芯CPU高校开源计划"在太原湖滨国际酒店举行。在活动中，龙芯中科宣布将GS132和GS232两款CPU核向高校开源。

将知识融会贯通，就离不开具体实践，在龙芯将GS132和GS232两款CPU核向高校和学术界开源后，大学老师可以基于龙芯平台设计实验课程，使学生可以在真实的CPU上运行真实的操作系统，在龙芯实验平台上启动操作系统并进行性能分析。龙芯还研发了CPU实验平台、操作系统实验平台、并行处理实验平台等数款龙芯教学平台，通过为高校提供完整的线上、线下实验环境，助力教学改革和计算机专业学生的系统能力培养，实现"设计真实处理器，运行真实操作系统"。

目前龙芯开源计划（LUP）正式接收高校申请，高校老师可以登录龙芯开源计划官方网站（http://www.loongson.cn/lup），下载《面向计算机系统能力培养的龙芯CPU高校开源计划试点院校申报书》，填写后发邮件到yangkun@loongson.cn。

一、龙芯 CPU开源内容
- 龙芯开源 CPU IP
  - · GS132：单发射、32位，静态执行（三级流水），无cache、TLB
  - · GS232：双发射、32位，乱序执行（五级流水），带cache、TLB
  - · MIPS32 release1 兼容
  - · 32/64 AXI 接口
- 提供配套说明文档
  - · 使用说明手册、设计文档等
- 提供配套开发环境与实验平台
  - · 线上、线下
- 使用限制
  - · 仅限自用（教学、学术研究），不得提供给第三方
  - · 不得用于盈利目的（商业用途）

二、实验平台系列拓展

多核
龙芯3号

多功能操作系统
教学实验系统

多路
多机

高性能-并行计算
教学实验系统

单片
SoC

嵌入式-物联网
综合实验系统

FPGA

CPU设计与体系结构
教学实验系统

"十三五"
国家重点出版物出版规划项目

龙芯中科技术有限公司 / 主编

龙芯

电脑使用解析

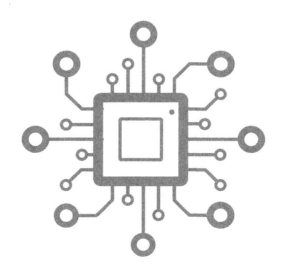

人民邮电出版社

北 京

图书在版编目（ＣＩＰ）数据

龙芯电脑使用解析 / 龙芯中科技术有限公司主编
. -- 北京 ：人民邮电出版社，2019.8
　（中国自主产权芯片技术与应用丛书）
ISBN 978-7-115-51750-0

Ⅰ．①龙… Ⅱ．①龙… Ⅲ．①操作系统－基本知识
Ⅳ．①TP316

中国版本图书馆CIP数据核字(2019)第158215号

内 容 提 要

　本书全面讲述龙芯电脑操作系统的使用方法。全书分为3篇，共13章，分别介绍龙芯电脑和龙芯桌面系统入门，龙芯电脑系统环境，文件和文件夹管理，应用商店，文字输入，上网，办公软件，光盘刻录，打印和扫描，多媒体应用软件，实用工具软件，系统配置，系统管理等内容。

　本书面向龙芯电脑的用户，以实例讲解为主，旨在帮助读者快速上手龙芯电脑。

◆ 主　　编　龙芯中科技术有限公司
　　责任编辑　俞　彬
　　责任印制　马振武

◆ 人民邮电出版社出版发行　　北京市丰台区成寿寺路 11 号
　　邮编　100164　　电子邮件　315@ptpress.com.cn
　　网址　http://www.ptpress.com.cn
　　固安县铭成印刷有限公司印刷

◆ 开本：787×1092　1/16　　　　彩插：2
　　印张：15　　　　　　　　　　2019 年 8 月第 1 版
　　字数：300 千字　　　　　　　2025 年 2 月河北第 2 次印刷

定价：59.00 元

读者服务热线：(010)81055410　印装质量热线：(010)81055316
反盗版热线：(010)81055315

前言

　　龙芯是中国人自主设计的 CPU，是中国计算机科研成果推广到市场的重要产品。龙芯桌面电脑（简称"龙芯电脑"）已经在信息化领域中大量使用，未来将广泛应用于各行各业。由于龙芯电脑的操作系统不是 Windows，而是基于 Linux 发展出来的一款安全操作系统，因此在界面设计、使用习惯、配置方法等方面都和 Windows 有区别。为了帮助龙芯电脑的用户快速学习龙芯操作系统的使用方法，掌握龙芯电脑的操作能力，我们根据广大读者的需求，在多位电脑高手、办公应用专家的指导下，归纳龙芯电脑在用户试点的使用过程中反馈的问题，精心编写了本书。

　　龙芯电脑支持多种操作系统，本书以使用量大、较具代表性的中标麒麟桌面操作系统为例进行讲解。主要具备以下 3 个特色。

　　1. 本书是第一本全面讲述龙芯电脑操作系统使用方法的书籍。龙芯电脑在实际工作场景中的核心功能都会在本书中介绍，内容全面，丰富实用。本书首先介绍了龙芯电脑的基本情况，包括龙芯的故事、龙芯电脑产品线、中标麒麟操作系统、龙芯电脑系统与 Windows 系统的区别等。对于龙芯电脑操作系统的使用，从开机讲起，接下来介绍龙芯电脑系统环境、文件和文件夹管理、应用商店、文字输入、上网、办公软件、光盘刻录、打印和扫描、多媒体应用软件、实用工具软件、系统配置、系统管理等。可以看到，本书所讲述的龙芯电脑应用操作已经非常丰富实用，足够解决用户在日常工作中的大部分使用需求。

　　2. 本书涵盖了来源于龙芯应用实践中的大量细节经验。龙芯电脑已经有几年的推广历史，本书收录了在推广过程中用户反馈的主要问题，并针对这些问题做出了详细的解答。很多细节的功能虽然使用频率较低，但是对用户来说是非常必要的，如在龙芯电脑与 Windows 电脑之间共享传送文件，在龙芯电脑与手机之间传送文件，打印机与扫描仪的配置，操作系统在线升级，操作系统备份与还原等。类似的例子在书中比比皆是。

3. 实例为主，易于上手。本书全面模拟真实的工作环境，以实例展示为主介绍操作方法。在每一个操作步骤中，都配有详细的界面截图和文字讲解，将读者在学习的过程中遇到的各种问题及解决方法都充分融入实际案例中，以便读者轻松上手，快速学习解决各种疑难问题的方法，从而能够学以致用。

本书作为"中国自主产权芯片技术与应用"丛书之一，旨在为电脑用户提供使用指南，使电脑用户从多年的 Windows 系统的使用习惯切换到龙芯电脑上来。由于时间仓促，书中难免有疏漏和不妥之处，恳请广大读者批评指正。

龙芯中科技术有限公司微信公众号　　　中标软件有限公司微信公众号

CONTENTS
目 录

办公软件

光盘刻录

打印和扫描

第三篇 龙芯电脑的配置与管理

系统配置

系统管理

附录 疑难解答

第 一 篇

龙芯电脑
总体介绍

第**01**章

龙芯电脑和
龙芯桌面系统入门

龙芯电脑采用的是中国自主设计的龙芯 CPU，它基于 Linux 操作系统，具有丰富的应用软件，能够完成办公、上网、设计、娱乐、游戏等日常功能。

学习目标

了解龙芯电脑的信息

了解龙芯桌面系统与 Windows 系统的区别

学习重点

掌握龙芯电脑的历史、特点

掌握操作系统的类型

主要内容

龙芯电脑简介

中标麒麟操作系统

龙芯电脑系统与 Windows 系统的区别

龙芯电脑的应用

1.1 龙芯电脑简介

龙芯电脑是一款基于国产龙芯 CPU 的通用型计算机，具有办公、上网、媒体、娱乐等丰富的日常应用，本节介绍龙芯电脑的发展历史和产品情况。

1.1.1 龙芯的故事

龙芯电脑用的是中国人自己设计的 CPU。CPU，即"中央处理器"，是一台电脑中最重要的核心电路，是整个电脑的"神经中枢"，电脑中的其他部件都在 CPU 的指挥下工作。龙芯（见图 1-1）到现在为止已有近 20 年的历史，最开始是由中国科学院计算技术研究所发起的一项科研工作，由于研制的多代产品达到实用化水平，可以满足信息化、工业控制等大量领域的应用需求，从 2010 年开始成立公司进行产品和市场推广。

龙芯 CPU 产品线包括"龙芯 1 号""龙芯 2 号""龙芯 3 号"这 3 个系列，性能从低到高，其中龙芯 3 号系列面向桌面信息化应用。目前最新款产品是龙芯 3A3000，主频 1.5GHz，一个 CPU 包含 4 个核，性能已经能够满足日常应用的要求，办公、上网、娱乐、游戏都能应对自如，几乎可以替代国外 CPU 的电脑。

图 1-1

1.1.2 龙芯电脑产品线

龙芯电脑相关的产品系列非常丰富，包括台式机、笔记本电脑、服务器、平板电脑等，较典型的产品如图 1-2 所示。其中用于桌面应用的主要是台式机（也称为台式电脑）、笔记本、一体机。一体机和台式机相比，省去了机箱的空间，在使用方法上和台式机基本相同。下面主要介绍台式机和笔记本。

图 1-2

1.1.3 台式机

1. 产品说明

龙芯台式机在外观上主要由机箱、显示器、键盘、鼠标组成，在机箱上提供多种对外接口，主要是在办公室、家庭等场所使用。龙芯的生产厂商众多，不同厂商提供的机箱的外观都不一样，但是在功能上基本是相同的。本节以使用较多的一种机箱为例来说明机箱的功能。

2.面板接口开关介绍

　　龙芯台式机的接口分别从前后面板引出，前面板接口及按键布局如图 1-3 所示。前面板包括开机 / 电源指示灯、复位按钮、硬盘指示灯、4 个 USB 接口和 1 组音频接口。

图 1-3

3.连接介绍

　　龙芯台式机在工作时需要外接显示器和鼠标键盘，其中显示器可以使用 VGA 接口或 HDMI 接口，鼠标键盘可以使用 USB 接口或 PS/2 接口，连接示意图如图 1-4 所示。

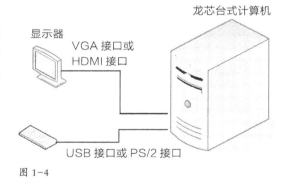

图 1-4

4.设备组成

　　台式计算机由主板、电源、硬盘和显卡等模块组成，主机接口如图 1-5 所示。硬件具体介绍如表 1-1 所示。

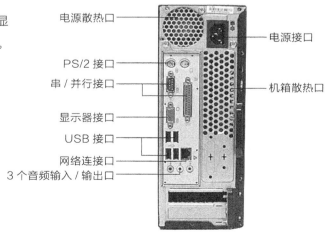

图 1-5

表 1-1 龙芯台式计算机组成表

	类型	品牌 / 型号	规格	备注
硬件	主板	龙芯主板	龙芯 3A3000 处理器，MATX 尺寸	
	机箱		立式机箱	
	电源	机箱电源	功率：≥ 200W	
	散热器		定位孔位置：59mm × 59mm 定孔大小及数量：4 × M3	安装于主板上
	内存条		DDR3 内存	
	硬盘		SATA 接口硬盘	
	DVD 刻录光驱		内置 DBD 刻录光驱 SATA 接口	
	独立显卡	HD8470	显存容量：≥ 1GB 支持双屏显示	

1.1.4 笔记本

1. 产品说明

笔记本适用于移动办公，可以方便地装进背包里。笔记本自带电池供电，采用 LED 背光的液晶显示屏，还内置了触摸板，只要用手指在触摸板表面移动或点击就能够实现鼠标能实现的功能，如图 1-6 所示。

图 1-6

2. 设备组成

龙芯笔记本的配置如图 1-7 所示，具体组成如表 1-2 所示。

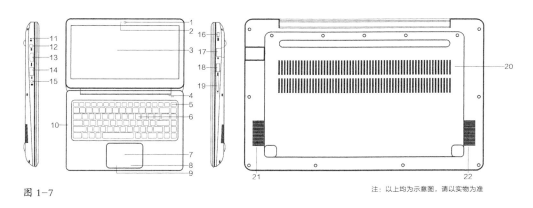

图 1-7

注：以上均为示意图，请以实物为准

表 1-2 龙芯笔记本的组成

代号	名称	功能说明
1	内置摄像头	可用于拍摄视频或照片
2	摄像头指示灯	当内置摄像头打开时，摄像头指示灯将会同步启动，表示摄像头正常工作
3	显示屏	显示输出的内容
4	电源指示灯	当按下电源按钮时，电源指示灯会亮起
5	电源按钮	用于打开笔记本
6	键盘	键盘是笔记本最关键的输入设备，通过它可以输入各种指令、数据
7	触摸板	触控板起传统鼠标的作用，屏幕上的光标的运动方向与指尖在触控板上划过的方向相同
8	触控板按钮区 1	右键区域的功能与传统鼠标的右键相同
9	触控板按钮区 2	左键区域的功能与传统鼠标的左键相同
10	内置麦克风	可用于录音及语音交流
11	电池状态指示灯	提示电池当前的状态
12	电源插孔	连接交流电源适配器
13	HDMI	使用 HDMI 连接外接设备
14	USB3.0 接口	使用 USB3.0 接口连接外接设备
15	组合音频插孔	连接头戴式耳机（带话筒） 组合音频插孔不支持传统麦克风 因行业标准不同，连接第三方头戴式耳机（或带话筒）时，可能不支持录音功能
16	笔记本安全锁孔	配合电脑锁使用，可以防止电脑被盗
17	RJ45 网线接口	局域网的接口

续表

代号	名称	功能说明
18	USB3.0 接口	可以在存储器件所限定的存储速率下传输大容量的文件（如 HD 电影）
19	存储卡插槽	用于存储、记录静态或者动态图像
20	进风口	通过空气中的气流流入机身，增加进风效率
21	扬声器	提供音频输出

　　笔记本使用两种电源（外接电源、内置电池），在键盘右上角有一个指示灯，可以显示电源的工作状态，指示灯状态不同表示的含义不同，如图 1-8 所示。

提示！电池状态指示灯

指示灯状态	充电状态
白色常亮	电池充满
红色常亮	正在充电
红色快速闪烁	电量小于 5%

图 1-8

　　龙芯笔记本键盘的最上面有一排带有小图标的按键，这些按键也称为快捷键，具有特殊功能。使用方法是按住键盘左下角的【Fn】键，再按住快捷键，然后一起松开。【Fn】键在键盘最下一排从左数第二的位置，用以和其他按键组成组合键以便实现控制作用。这些组合键可以实现硬件的调节（休眠、切换显示）。键盘快捷键的功能如表 1-3 所示。

表 1-3　键盘快捷键使用说明

功能键	功能实现	功能键	功能实现
【Fn】+【Esc】	进入睡眠状态	【Fn】+【F8】	开启 / 关闭 LCD 显示屏幕
【Fn】+【F1】	开启 / 关闭触摸板	【Fn】+【F10】	关闭喇叭音量
【Fn】+【F3】	开启 / 关闭 Wi-Fi	【Fn】+【F11】	调低喇叭音量
【Fn】+【F5】	LCD 屏幕亮度减小	【Fn】+【F12】	调高喇叭音量
【Fn】+【F6】	LCD 屏幕亮度增大	【Fn】+ 空格	开启背光键盘（选配）
【Fn】+【F7】	转换 LCD/HDMI		

1.2　龙芯电脑的操作系统

　　龙芯电脑运行的操作系统基于开源的 Linux，Linux 是一种开放源代码的操作系统，任何人都可以基于 Linux 开发出自己的操作系统。

　　龙芯公司在操作系统生态建设方面仿照 Android 的模式。在 Android 的模式中，Google 做好 Android 的官方基础版本，各手机厂商根据 Android 进行定制改造，衍生出各品牌手机预装的操作系统。在龙芯的操作系统生态中，龙芯公司维护的是一套社区版操作系统，叫作 Loongnix，Loongnix 集成了龙芯公司在核心基础软件方面的所有优化成果，并且免费发布、开放所有源代码。在 Loongnix 基础上衍生出的其他商业品牌操作系统，这些商业品牌操作系统在界面风格、服务支持方面各有特色，但是在底层都是基于相同的 Loongnix 衍生的，如图 1-9 所示。

　　作为龙芯电脑的用户，可以使用 Loongnix，也可以使用商业品牌操作系统。目前常用的商业品牌操作系统包括中标麒麟、深度、普华等，本书以中标麒麟为例进行讲解，读者在学完本书后很容易上手其他操作系统。

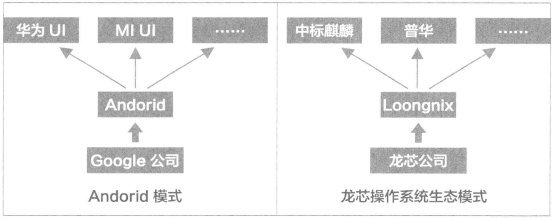

图 1-9

1.3　中标麒麟操作系统

　　中标软件有限公司（简称"中标软件"）成立于 2003 年，是一家主要负责安全操作系统产品专业化研发与推广的企业，公司的业务是研制和销售自主、安全的操作系统等基础软件产品。

　　中标软件旗下拥有"中标麒麟""中标普华""中标凌巧"三大产品品牌。中标麒麟操作系统的系列产品主要以操作系统技术为核心、安全可信为特色；中标普华主要以办公软件为核心；中标凌巧移动终端操作系统则主要为行业客户提供安全的移动业务新体验。

近年来，中标软件不断推出新产品，先后登记软件著作权 260 项，申请专利 256 项。其中，专利授权 125 项，各类奖项 240 多个，并被授予"国家规划布局内重点软件企业""国家高技术产业化示范工程"等称号。此外，中标软件还通过了国家软件企业认证资格、高新技术企业认证、CMMI5 级认证等，具有很强的科研能力和严格的管理规范。

目前，中标软件产品已经在各行业得到深入应用，应用领域涉及我国信息化的各个方面，如图 1-10 所示。

图 1-10

中标麒麟桌面操作系统已经在龙芯桌面电脑上适配，有多年的成功案例，它所包含的软件如表 1-4 所示。本书介绍中标麒麟桌面操作系统在龙芯桌面电脑上的使用方法。

表 1-4 中标麒麟系统软件一览表

名称	注释
中标软件中心	获取并安装应用程序
Firefox 浏览器（火狐浏览器）	互联网通信的软件，可以进行网页浏览、收发电子邮件、文件传输等
Chromium 浏览器（谷歌浏览器）	互联网通信的软件，可以进行网页浏览、收发电子邮件、文件传输等
Linux Thunderbird 邮件客户端	收发电子邮件
金山 WPS	文档制作与处理，方便完成日常办公
文档查看器	可查阅多种不同格式的文档并进行批注等

续表

▦数科阅读器	文档阅读和处理的专业软件，可以对 OFD/PDF 等格式的文档进行加工处理
▦福昕版式办公套件	版式文档的专业阅读软件，可以实现对国家版式标准 OFD 格式的文档的打开、阅读、标注、电子签章以及网络保存等功能
◔光盘刻录器	涵盖数据、音乐、影碟光盘刻录、光盘复制等，可以实现 CD/DVD 音视频提取等多种功能
▦图像查看器	可以对图像文件进行查看和简单调整
▦图像处理软件	几乎包含所有图像处理的功能，是一款多功能图像处理软件
♫音乐播放器	可以播放音频文件，并对音频文件的播放进度和音量等进行调整
▦录音机	可以用于采集电脑周围的声音并储存、管理采集的录音
▦茄子大头贴	可以用于采集摄像头前面的画面，可以拍照、录像等
▦游戏	电脑自带的小游戏，如黑白棋、扫雷、数独等
▦计算器	对数字进行数学运算
▭记事本	图形化的文本编辑器，主要用于编辑和查看文本文件，属于常用的办公类软件
▦命令提示符	提示进行命令输入的一种工作提示符
▦屏幕截图	截取界面上显示的内容并将其保存为特定格式的图片文件
✍星际译王	跨平台的国际词典软件，具有强大的翻译功能
▭便笺	主要用于提醒重要事项、备忘、记录

1.4　龙芯电脑系统与 Windows 系统的区别

1. 龙芯电脑的 CPU 和 Intel、AMD 是不兼容的

　　Intel 设计和生产了 X86 的 CPU，最早是从 8086/80286/80386/80486/80586 开始的，后来改换成奔腾、赛扬、酷睿、凌动、至强等名称，它们都运行相同的指令集，在功能上是"兼容的"。后来 Intel 把 X86 授权给 AMD、威盛等厂商，这些拿到授权的厂商也可以设计和生产与 X86 相兼容的 CPU，在本质上都属于和 Intel 同类的 CPU，所生产的电脑可以统称为"X86 电脑"，也就是传统的个人电脑。联想、戴尔、惠普等品牌的电脑都属于 X86 电脑。而龙芯 CPU 采用的是基于MIPS发展而来的LoongISA指令集，与X86系列的CPU是不兼容的，所以龙芯电脑和联想、戴尔、惠普是"不兼容"的电脑。

　　指令集只是对软件所包含的指令的一种编码格式，对 CPU 的性能和功耗没有直接决定关系，只要 CPU 设计得足够精简高效，龙芯 CPU 可以像 X86 一样以很低的功耗实现很高的性能。

2.龙芯电脑无法运行 Windows 操作系统

由于 Windows 操作系统是专门针对 X86 的 CPU 进行设计的，所以 Windows 操作系统只能在"X86 兼容"的电脑上运行，不能在龙芯电脑上运行。Windows 操作系统是微软公司的产品，是世界范围内个人电脑上运行最多的操作系统，而微软公司没有把 Windows 向龙芯上移植，所以不存在"Windows for 龙芯"的版本。那么龙芯电脑能够运行什么操作系统呢？答案是 Linux，这是一种开源的操作系统，所有源代码都在网络社区上公开下载，经过龙芯的工程师移植后可以在龙芯电脑上运行。所以，如果要使用龙芯电脑，实际上就是使用 Linux 操作系统。龙芯电脑上运行的 Linux 操作系统有一个专门的名称"龙芯桌面系统"，本书讲述的就是如何使用龙芯桌面系统——中标麒麟操作系统。

3.龙芯电脑可以使用 X86 电脑的大部分外设硬件

龙芯电脑的机箱、显示器、键盘、鼠标都是和 X86 电脑通用的，从外观上无法区分是龙芯电脑还是 X86 电脑。只有在拆开机箱，看到 CPU 表面上的 Logo 之后才能确定这是一台龙芯电脑。市面上能够购买的大多数电脑硬件外设都能够在龙芯电脑上使用，如硬盘、显卡、网卡、声卡、内存条、电源、音箱等。读者在 X86 电脑上 DIY（Do it yourself，指单独购买电脑配件组装成电脑整机）的经验都能够用到龙芯电脑上。

4.龙芯电脑"更安全"

龙芯电脑运行的操作系统根源于 Linux，这是开源社区的几千名顶级程序员共同开发的操作系统，相比 Windows 系统，它的漏洞更少，更加安全。Linux 还提供了多用户的分级保护机制，在日常的办公处理中都是使用一个权限较低的"普通用户"身份，只有在进行安装软件、系统维护等工作时，才临时使用级别更高的"管理员"身份，这也降低了系统出故障的概率。龙芯电脑在日常使用中几乎不需要安装防病毒软件，也不容易受到网上的钓鱼、木马、广告等恶意软件的侵扰，开机之后就是干净的桌面环境，适合办公、开发、设计等，是一个真正意义上的"生产力工具"。

龙芯电脑的高安全性非常适合于在企业中应用。有一个典型的案例如下：在 2018 年 4 月的一天，某市政府热线中心的所有 Windows 电脑全部因感染勒索病毒而停止工作，热线服务面临瘫痪的危险，当时只有 3 台部署了龙芯电脑的座席不受病毒的影响，支撑了热线服务的正常运营，避免了一场事故。

龙芯电脑因有上述优点，受到电脑厂家的广泛支持，目前有很多知名电脑厂家已经实现批量化生产。在软件方面，龙芯与办公软件、中间件、数据库等国内数十个厂家磨合多年，形成了比较完整的软件生态环境，尤其是面向办公 OA 等各种信息化应用已经呈现面上铺开的势头。

1.5 开机、登录和关机

电脑的开关机是使用电脑的基本操作。本节主要介绍电脑开机和关机的步骤、登录龙芯电脑和锁屏的方法，帮助用户初步认识电脑。

1.5.1 开机

启动电脑的方法很简单。连通电源后，长按电源键，即可启动电脑，如图 1-11 所示。

图 1-11

1.5.2 登录

电脑启动并自检后，首先会进入龙芯桌面电脑的用户登录界面，如图 1-12 所示。

输入密码，按键盘上的【Enter】键确认，电脑系统加载完成后，自动进入龙芯桌面电脑，如图 1-13 所示。

图 1-12

图 1-13

> **提示！**
> 　　用户在使用龙芯电脑时，通常已经预装好操作系统，默认密码一般是在预装时指定的，用户如果需要修改默认密码，也可以在进入操作系统后再修改。

|案例| 如何更改电脑登录密码

01. 单击【开始菜单】→【user】，打开【关于 user】对话框，用户可以通过该对话框更改用户密码和头像，如图 1-14 和图 1-15 所示。

图 1-14

图 1-15

02. 单击【更改密码】按钮，打开【更改密码】对话框，输入当前密码，单击【身份验证】按钮，验证完毕，如图 1-16 所示。

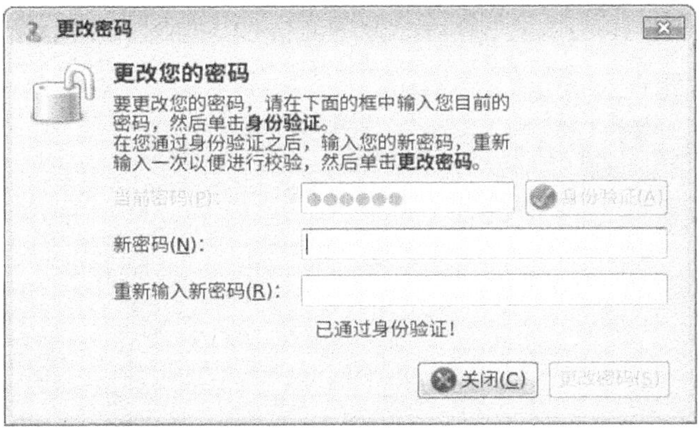

图 1-16

03. 输入新密码，再次确认新密码，单击【更改密码】按钮，显示"用户密码修改成功"，如图1-17所示。更改密码完成后，单击【关闭】按钮。用户在下次登录电脑时，需要输入更改后的密码。

图 1-17

1.5.3 锁屏

如果暂时不需要使用电脑，可以将电脑锁屏。锁屏之后需要重新输入密码才能"唤醒"电脑，这是为了防止电脑中的重要文件在用户离开后，被他人恶意篡改或破坏。

01. 单击【开始菜单】→【关机】→【锁屏】，启用锁屏功能，如图1-18和图1-19所示。

图 1-18

图 1-19

02. 如果较长时间对电脑不进行任何操作，系统会自动进入屏幕保护程序模式，如图1-20所示。

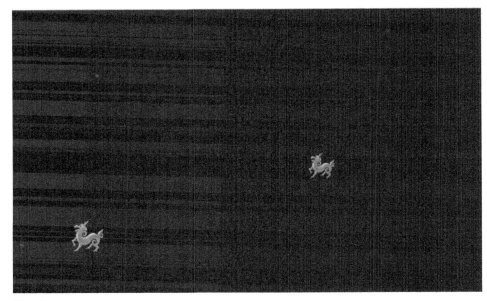

图 1-20

> **提示！**
>
> 　　系统自动进入屏幕保护程序模式的具体时间一般是在安装操作系统时指定的，用户也可以在进入操作系统后再对此进行修改。

03. 在屏幕保护程序模式中，如果单击鼠标或按键盘上的任意按键，会退出屏幕保护程序，再次进入系统登录界面，如图 1-21 所示。再次输入密码，单击【解锁】按钮，即可登录龙芯电脑。

图 1-21

1.5.4 关机

在使用龙芯电脑时，如果电脑执行了系统的关机命令，就会自动关闭电脑。需要注意的是，在关机前，要确保所有的程序和文件都已经关闭，否则可能导致关机失败或电脑内的文件丢失。关机的操作方法有以下 2 种。

方法 1：通过开始菜单的命令关机。

单击【开始菜单】→【关机】，如图 1-22 所示，等待几秒，电脑自动关机。

方法 2：组合键关机。

按住【】+【F4】组合键，其默认选项为【关机】，也可快速关闭电脑。

> **提示！**
>
> 不要直接按电源键关机！如果不按照上面的正确方法关机，则很有可能造成系统文件丢失，最终导致下次无法正常开机，只能重新安装操作系统。

图 1-22

第**02**章

龙芯电脑系统环境

龙芯电脑的桌面环境和 Windows 的桌面环境有很大的区别，本章将对龙芯电脑的桌面环境进行详细介绍。

学习目标

了解龙芯电脑桌面的使用方法

学习重点

龙芯电脑桌面的操作方法及一些日常应用

主要内容

桌面环境

桌面应用

2.1 桌面环境

桌面是用户进入系统后最先看到的界面，也是用户使用最频繁的区域。在桌面上，可以看到最常用的几个图标，如"我的电脑""我的文件夹""回收站"，以及用户自己的文件和快捷方式等。桌面的下方从左到右分别是开始菜单、任务栏、通知区域，这些都是我们经常会用到的功能。桌面作为使用率最高的区域，可以通过设置来提高工作效率。

2.1.1 桌面布局

进入龙芯桌面电脑后，用户首先看到的是桌面。桌面的组成元素主要包括桌面背景、桌面图标和任务栏等，如图 2-1 所示。

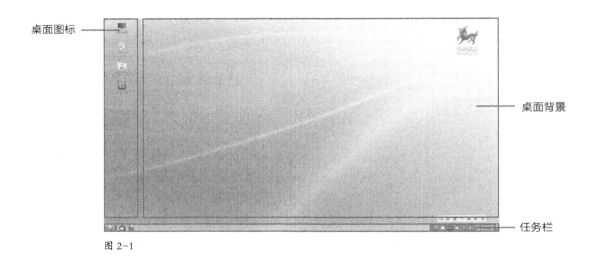

桌面图标 ——

—— 桌面背景

—— 任务栏

图 2-1

1. 桌面背景

桌面背景可以是个人收集的数字图片和系统提供的图片，也可以是幻灯片图片。龙芯电脑自带了很多漂亮的背景图片，用户可以从中选择自己喜欢的图片作为桌面背景。此外，用户还可以把自己收藏的精美图片设置为桌面背景。

2. 桌面图标

在龙芯电脑中，所有的文件、文件夹和应用程序等都由相应的图标表示。桌面图标一般由文字和图片组成，文字是图标的名称，图片是它的标识符。

双击桌面上的【我的电脑】图标后，会出现相应的文件、文件夹的菜单窗口，如图 2-2 和图 2-3 所示，用户可根据个人需要进行相关操作。

图 2-2

图 2-3

3. 任务栏

　　任务栏是位于桌面最底部的"长条"，主要由开始菜单、任务栏快速启动区、运行中的窗口列表和系统通知区域组成，如图 2-4 所示。任务栏的基本属性设置，可以参考 12.4.2 小节。

开始 任务栏快速　　 运行中的　　　　　　　　　　　　　　　　　　系统通知区域
菜单 启动区域　　　 窗口列表

图 2-4

4. 运行中的窗口列表

在龙芯电脑中，正在运行的文件、文件夹和应用程序等都会在任务栏中显示，用户可以按住
【Alt】+【Tab】组合键在不同的窗口之间切换。例如，此时打开的窗口为"浏览器"，当按住【Alt】+
【Tab】组合键时，会出现如图 2-5 所示的小窗口，继续按【Tab】键，切换到的窗口会出现黑框，
找到我们需要的"计算机"窗口后，松开组合键，即可完成切换，如图 2-6 所示。

图 2-5

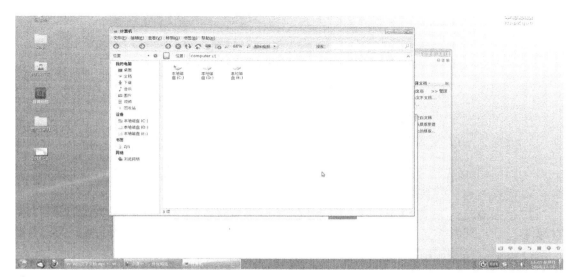

图 2-6

┃案例┃ 如何将程序固定到任务栏

01. 单击【开始菜单】，找到需要固定到任务栏的程序，如"互联网—QQ 客户端"，如图 2-7 所示。

02. 选中此程序，拖曳鼠标光标到任务栏区域，此时，该程序在任务栏中显示，如图 2-8 所示。

图 2-7　　　　　　　　　　　　　图 2-8

03. 当不需要任务栏的某个程序时，选中该程序图标，单击鼠标右键，如图 2-9 所示，单击【从任务栏删除】命令，即可将该程序从任务栏中删除。

图 2-9

2.1.2 开始菜单

在龙芯电脑中，开始菜单位于龙芯桌面的左下角。单击【开始菜单】，可以看到开始菜单界面的左侧包括龙芯桌面电脑中的所有程序，右侧包括我的文档、控制面板、帮助和支持等电脑操作菜单，如图 2-10 所示。正确地学习和操作该区域的程序和菜单，可以更好地使用电脑。

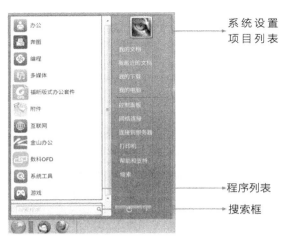

系统设置
项目列表

1. 搜索框

搜索框是我们快速找到文件、文档和应用程序的方式之一，所以，掌握搜索框的使用方法非常重要。

程序列表

搜索框

图 2-10

|案例| 搜索微信客户端并打开

01. 单击【开始菜单】按钮，即可看到最常用的应用程序列表。单击最下方的搜索栏，输入应用程序关键词，即可快速查找相关应用程序，如搜索"微信"，如图 2-11 和图 2-12 所示。

02. 直接双击应用程序或使用鼠标右键单击应用程序，然后单击【打开】命令打开微信，如图 2-13 所示。

图 2-11

图 2-12

图 2-13

03. 打开微信程序，如图 2-14 所示。

图 2-14

2. 所有程序列表

开始菜单中的应用程序包括操作系统程序和用户安装的程序。龙芯操作系统会根据程序的功能不同进行分组，只有单击组名称才会显示组内的程序图标。如单击【互联网】，下面会列出 Chromium 网页浏览器、FTP 客户端、微信客户端等程序，如图 2-15 所示。

图 2-15

3. 系统设置项目列表

开始菜单的右侧功能区包括用户账户区域、系统设置区域和关机设置区域。单击此区域的按钮，可以设置系统的大多数命令，如图 2-16 所示。

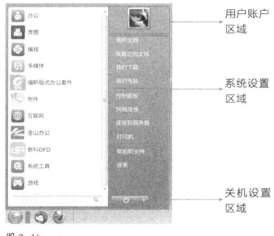

图 2-16

【用户账户区域】按钮：显示当前用户的账户。单击账户图片，可修改密码、头像等。

【我的文档】按钮：系统专门设置的用来存放文件的文件夹，文件夹的名称叫作"我的文档"。单击此按钮，用户可对此窗口下的文件进行复制、移动等操作。

【我最近的文档】按钮：显示用户最近访问过的文档文件的名称。单击文档的名称，可以打开这些文档。

【我的下载】按钮：打开并查看电脑默认的下载地址，用户可以对已下载的文件或应用程序信息进行相应的操作。

【我的电脑】按钮：可以查看电脑 C 盘、D 盘和 E 盘的详细情况。用户可根据需要，对硬盘中的文件、应用程序进行相应操作。

【控制面板】按钮：通过"控制面板"窗口，用户可以对电脑的各种硬件、软件进行设置。单击此按钮，用户可更改计算机的外观、硬件和声音以及网络防火墙等的设置。

【网络连接】按钮：可以打开网络连接窗口，查看和设置网络连接情况。

【连接到服务器】按钮：可以运行一个网络文件传输工具，实现连接其他电脑进行文件传输、网络共享等。

【打印机】按钮：单击此按钮，可以添加和设置打印机。

【帮助和支持】按钮：可以查看和学习如何使用龙芯操作系统等相关信息。

【搜索】按钮：可以快速搜索电脑中的文件及文件夹。

【关机】按钮：可以完成注销当前用户、关闭计算机或重启计算机等操作。

2.1.3 通知区域

默认情况下，通知区域位于任务栏的右侧，会显示网络连接、音量、日期等事项的状态和通知，如图 2-17 所示。

图 2-17

【系统】图标 ：是龙芯系统的设置操作按钮，未授权是龙芯操作系统是否授权显示按钮，这 2 个按钮不常使用。

【网络连接】按钮 ：可参考 6.1 节。

【音量和日期】按钮 19:49 星期 ：可参考 12.4.3 小节和 12.4.4 小节。

用户可以根据需要添加或删除通知区域的事项，也可以显示、隐藏、修改面板属性。

操作方法：使用鼠标右键单击通知区域，然后单击【属性】命令，弹出【面板属性】对话框，在对话框中可完成相关设置，如图 2-18 所示。

图 2-18

2.2 龙芯电脑的应用

除了 Windows 系统，Windows 系统中的应用程序也不能在龙芯电脑上直接运行。如 Microsoft Internet Explorer 浏览器、Microsoft Office 办公软件、Adobe Photoshop 图像处理工具、Media Player 媒体播放器和腾讯 QQ 等。这些软件都被编译成 X86 指令集的可执行程序，并且没有专门可以向龙芯电脑移植的版本。

在龙芯电脑中，很多开源软件和商业软件可以作为 Windows 软件的替代品，如图 2-19 所示。下面列出了 5 种软件的替代品。

1. Firefox 浏览器可以替代 Internet Explorer。

2. 金山 WPS Office 可以替代 Microsoft Office。

3. 图像处理工具 GIMP 可以替代 Adobe Photoshop。

4. MPlayer 可以替代暴风影音等媒体播放器。

5. 在 Linux 上也有很多游戏，如棋牌、射击等。

图 2-19

1. 打字办公

　　龙芯电脑为用户提供了常见的输入法，包括当前应用十分广泛的搜狗输入法，方便用户使用。此外，龙芯电脑还提供万能五笔、王码五笔字型 86 版等输入法，支持简拼、全拼、中英文混合输入等功能，如图 2-20 所示。

图 2-20

2. 浏览器上网

　　龙芯电脑提供了两个主流的开源浏览器：Firefox ◎和 Chromium ◎ ，如图 2-21、图 2-22 和图 2-23 所示。

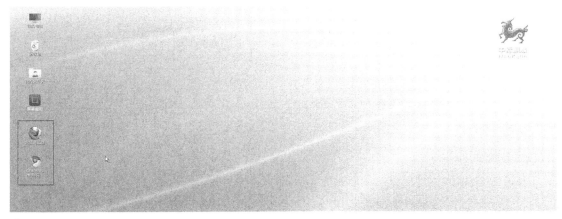

图 2-21

图 2-22

图 2-23

Firefox 和 Chromium 都能够完善地兼容 JavaScript/HTML/CSS 网页标准协议。Firefox 由 Mozilla 开发，龙芯电脑长期维护 Firefox52 版本；Chromium 由 Google 开发，龙芯电脑长期维护 Chromium60 版本。

龙芯团队是 Firefox 浏览器 MIPS 分支的主要代码贡献单位，同时是 Chromium 浏览器 V8 引擎社区成员厂商之一。

3. 在线看视频

龙芯电脑的浏览器均支持 Flash 格式，可以在线播放优酷、爱奇艺等网站的视频。在浏览器中打开在线视频网站，搜索想要的视频内容，即可播放，如图 2-24 所示。

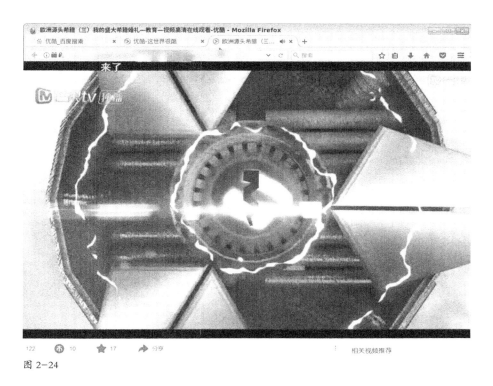

图 2-24

4.游戏

　　龙芯电脑预装了 5 款游戏：国际象棋、黑白棋、扫雷、数独和纸牌王。单击【开始】→【游戏】→
【国际象棋】命令，即可打开游戏，如图 2-25 和图 2-26 所示。

图 2-25

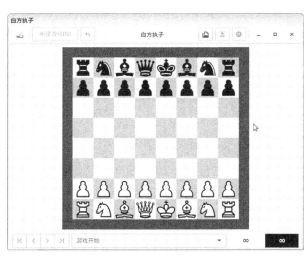

图 2-26

5．应用商店

在龙芯电脑的应用商店中，用户可以获取并安装商务办公、影音娱乐、日常生活等相关的各种应用程序。应用商店可以满足不同用户的使用需求，在很大程度上丰富了用户体验，如图 2-27 所示。

图 2-27

用户可以搜索需要的软件，然后将其安装到电脑中。单击【一键安装】按钮，可以安装相应的软件，系统会自动出现安装进度条。如果不再需要某些软件，还可以选择将其卸载。具体操作可参见第 4 章。

第 二 篇

龙芯电脑使用方法

第**03**章

文件和文件夹管理

在龙芯电脑中，文件是最小的数据组织单位。文件可以存放文本、图像和数值等信息，硬盘则是存储文件的大容量存储设备。为了便于管理文件，用户可以把文件组织到目录和子目录中去。目录被认为是文件夹，而子目录则被认为是文件夹的子文件夹。一个文件夹可以包含多个文件，还可以包含多个子文件夹。本章主要介绍文件管理器的基本功能和操作、文件的移动和复制等基本操作、使用 U 盘以及创建网络共享文件的方法等。

学习目标

了解龙芯电脑的文件操作

了解龙芯电脑的文件操作与 Windows 系统的区别

学习重点

快速上手龙芯电脑的文件操作

主要内容

文件管理器

打开 / 关闭文件夹

更改文件 / 文件夹名称

复制 / 移动文件

删除文件、回收站

隐藏 / 显示文件

压缩 / 解压缩文件

查找文件

使用 U 盘

共享文件

在龙芯电脑上访问手机中的文件

利用微信在电脑和手机之间传送文件

利用百度网盘传输或下载文件

3.1 文件管理器

龙芯电脑使用自带的硬盘存放文件，该硬盘名称是【我的电脑】。如果要在龙芯电脑与其他电脑之间传送文件，可以使用移动存储设备，如 U 盘、光盘、移动硬盘以及支持 U 盘功能的手机硬盘等，也可以使用网络。文件管理器的界面包括标题栏、菜单栏、地址栏、导航窗格等界面元素，如图 3-1 所示。

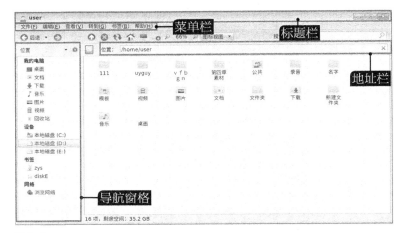

图 3-1

3.1.1 我的电脑

一般地，文件可以存放在硬盘的任意位置，但是为了便于管理，文件最好按性质存放。

（1）C 盘。C 盘主要用来存放系统文件。系统文件是指操作系统和应用软件中的操作系统部分。默认情况下，系统一般会被安装在C 盘，如图 3-2 所示。

图 3-2

（2）D 盘、E 盘。D 盘和 E 盘可以用来存放用户自己的文件，如用户自己的视频（如电影）、图片（如照片）和文件资料等，如图 3-3 和图 3-4 所示。

图 3-3

图 3-4

3.1.2　标题栏

　　标题栏位于窗口的最上方，显示当前的目录文件夹的名称。标题栏的右侧分别是"最小化""最大化 / 还原""关闭"3 个按钮，如图 3-5 所示。

图 3-5

【最小化】：系统自动缩小窗口至任务栏。

【最大化 / 还原】：单击此按钮或双击标题栏，可以将窗口最大化显示，当窗口处于最大化状态时，单击此按钮可以使窗口恢复至原窗口大小。

【关闭】：关闭当前界面。

3.1.3　菜单栏

　　菜单栏位于标题栏的下方，包括当前窗口和窗口内的一些常用操作菜单，上方分别是文件、编辑、查看、转到、书签等操作菜单，如图 3-6 所示。

图 3-6

【文件】：可以对文件进行打开、压缩、共享等操作。

【编辑】：可以对文件进行剪切、复制、移动等操作。

【查看】：可以设置文件查看模式、图标大小、详细信息等。

【转到】：可以转至上一级目录或电脑中的指定位置。

【书签】：可以查看电脑中保存的书签、网址、图片等信息。

【帮助】：可以查看功能介绍。

3.1.4　地址栏

图 3-7

　　地址栏位于菜单栏的下方，主要反映文件的路径，图 3-7 表示当前文件的路径为【user\ 音乐 \music\song】。

3.1.5 导航窗格

导航窗格位于地址栏的左侧，它以树状结构显示电脑中常用的目录位置，如桌面、文档、下载和音乐等，如图 3-8 所示。用户可以通过左侧的导航窗格，快速访问相应的目录。另外，用户也可以单击导航窗格的下拉菜单按钮，更改窗格显示模式，具体操作可以参考下面的案例。

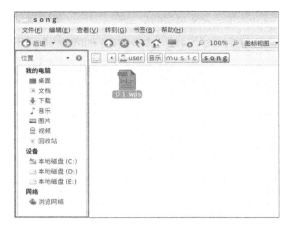

图 3-8

|案例| 如何将导航窗格改成"资源树"模式

01. 单击【位置】下拉按钮，打开下拉列表，找到【树】选项，如图 3-9 所示。

图 3-9

02. 单击【树】选项，此时导航窗格发生了变化，如图 3-10 和图 3-11 所示。用户可以根据自己的习惯，调节导航窗格的显示模式。

图 3-10

图 3-11

3.1.6 文件列表显示方式

在龙芯电脑中，文件列表的显示模式有 3 种，分别是图标视图、列表视图、紧凑视图，不同模式对应不同的文件显示状态，如图 3-12 所示。

图 3-12

【图标视图】：文件排列方式为图标形式，不显示文件类型、修改日期、大小等信息。

【列表视图】：文件排列方式为列表形式，会显示文件类型、修改日期、大小等信息。

【紧凑视图】：文件排列方式比列表视图更紧凑，不显示文件类型、修改日期、大小等信息。

|案例| 更改文件列表的显示方式和放大缩小视图

01.单击·按钮，选择合适的文件视图模式，如改为"图标视图"，文件视图模式发生变化，如图 3-13 和图 3-14 所示。

图 3-13

图 3-14

02.系统默认的视图大小为普通大小，即"100%"。若用户想要更改视图大小，可以单击菜单栏中的 🔍 或 🔍 按钮，也可以单击鼠标右键，然后选择【放大】或【缩小】命令，如图 3-15 所示。

03.视图大小最小为 50%，最大为 400%，如果将默认的视图大小修改为"200%"，效果如图 3-16 所示，用户可根据个人喜好做出相应的设置。

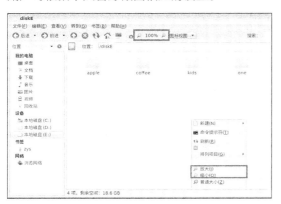

图 3-15

图 3-16

3.2 文件和文件夹的基本操作

3.2.1 新建文件或文件夹

当电脑上存储的文件较多时，我们可以使用文件夹对这些文件进行分类保存，这样不仅可以使电脑上的文件保持整洁有序，而且有利于快速地查找文件，常用的建立文件夹的方式有以下 3 种。

方式 1：根据文件类型建立文件夹。

例如，建立一个名称为"电影"的文件夹，专门存储电影文件。类似的还可以建立"音乐""照片"等文件夹。

方式 2：根据文件的内容主题建立文件夹。

例如，建立一个名称为"工作周报"的文件夹，专门存储工作周报的相关内容。还可以建立名称为"下载文件"的文件夹，保存所有从网络下载的文件。

方式 3：根据文件的日期建立文件夹。

例如，建立一个名称为"2019 年 4 月存档"的文件夹，把该月份编写的文件都存放到该文件夹。类似地，还可以建立"2019 年上半年"的文件夹等。

总之，建立文件夹的方法是非常灵活的，总的原则就是分类清晰、及时整理、便于检索。借助于文件夹，对文件进行分类，可以在需要使用时快速找到所需文件。

| 案例 | 新建一个名为"youth"的文件夹

01. 在需要新建文件夹的区域单击鼠标右键，然后单击【新建】→【文件夹】命令，如图 3-17 所示。

02. 输入文件夹的名称"youth"，按【Enter】键确认，如图 3-18 所示。双击打开文件夹，将需要放入文件夹的文件或程序拖入文件夹。

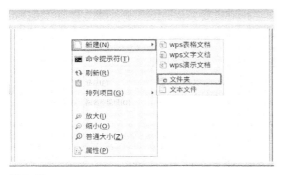

图 3-17

图 3-18

3.2.2 查看文件属性

选中要查看属性的文件或文件夹，使用鼠标右键单击所选对象，在弹出的快捷菜单中单击【属性】命令，在弹出的【新建 属性】对话框中可以查看文件的名称、类型、内容、位置等属性，如图 3-19 和图 3-20 所示。

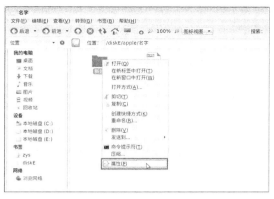

图 3-19

图 3-20

3.2.3 更改文件或文件夹名称

新建文件或文件夹后，会有一个默认的名称作为文件名，用户可以根据需要给新建的或已有的文件或文件夹重新命名。更改文件名称的方法有很多，主要有以下两种，用户可以根据需要进行操作。

方法 1：右键菜单命令重命名。

选择要重新命名的文件或文件夹，单击鼠标右键，在弹出的快捷菜单中选择【重命名】命令，文件或文件夹的名称进入编辑状态，输入新名称，按【Enter】键确认，如图 3-21、图 3-22 和图 3-23 所示。

图 3-21

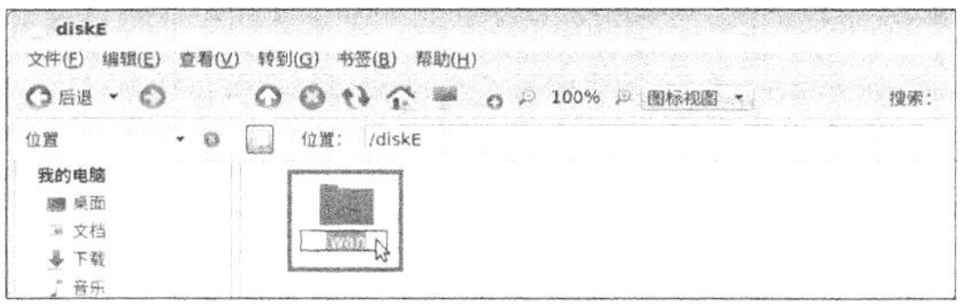

图 3-22

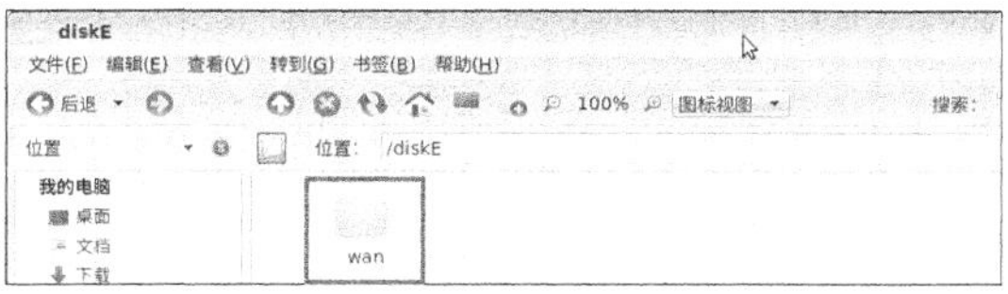

图 3-23

方法 2：【F2】快捷键重命名。

选择要重新命名的文件或文件夹，按【F2】键，文件或文件夹的名称进入编辑状态，如图 3-24 所示，输入文件或文件夹的新名称，按【Enter】键确认，如图 3-25 所示。

图 3-24

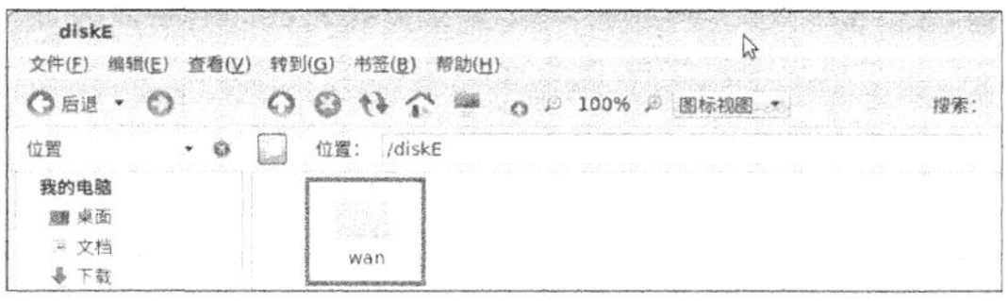

图 3-25

3.3 打开和关闭文件或文件夹

打开和关闭文件或文件夹是用户最常用的操作，是使用文件或文件夹的前提。

3.3.1 打开文件或文件夹

打开文件或文件夹的方法有 3 种，用户可以根据需要选择合适的操作方法。

方法 1：直接双击打开。

直接在需要打开的文件或文件夹上双击。

方法 2：鼠标右键打开。

在需要打开的文件名上单击鼠标右键，在弹出的快捷菜单中单击【打开】命令，如图 3-26 所示。

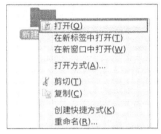

图 3-26

> **提示！**
>
> 认识文件和文件夹
>
> 1. 文件
>
> 文件是存储磁盘信息的基本单位，一个文件是磁盘上存储的信息的一个集合。每个文件都有自己唯一的名称，龙芯电脑是通过文件的名称来对文件进行管理的。
>
> 龙芯电脑支持长文件名，甚至在文件和文件夹的名称中允许有空格。在龙芯电脑中，默认情况下，系统会自动按照文件类型显示和查找文件。
>
> 2. 文件的组成
>
> 在龙芯电脑中，文件名由"基本名"和"扩展名"构成。它们之间用英文"."隔开。例如，文件"tupian.jpg"的基本名是"tupian"，扩展名是"jpg"，文件"月末总结.docx"的基本名是"月末总结"，扩展名是"docx"。
>
> 3. 文件命名规则
>
> i. 文件名的长度最多可达 256 个字符，1 个汉字相当于 2 个字符。
>
> ii. 文件名中不能出现这些字符：斜杠（\、/）、竖线（|）、小于号（＜）、大于号（＞）、冒号（：）、引号（""）、问号（？）和星号（*）。
>
> iii. 文件名不区分英文字母大小写，如"abc.txt"和"ABC.txt"是同一个文件名。
>
> iv. 同一个文件夹下的文件名不能相同。
>
> 4. 文件图标
>
> 在龙芯电脑中，文件的图标和扩展名代表文件的类型，图标和扩展名之间有一定的对应关系，看到文件的图标和扩展名，可以判断出文件的类型。例如，文本文件的扩展名为"txt"，图片文件的扩展名为"jpg/png"，视频文件的扩展名为"mp4"，压缩文件的扩展名为"rar"。
>
> 5. 文件大小
>
> 文件大小通常以带前缀的字节数表示。文件实际所占磁盘空间取决于文件系统，在不同的文件系统类型中，能够创建的最大文件的大小有区别。例如，在 FAT32 文件系统中，单个文件的大小不能超过 4GB。一些常见的文件大小单位如下。
>
> 1 byte = 8 bits
>
> 1 KB = 1024 bytes

```
1 MB = 1024 KB
1 GB = 1024 MB
1 TB = 1024 GB
```

方法 3：利用【打开方式】打开。

　　在需要打开的文件或文件夹上单击鼠标右键，在弹出的快捷键菜单中单击【打开方式】命令，弹出【打开方式】对话框，选择一种打开方式，如选择【WPS 文字】，即可以【WPS 文字】的方式打开相应文件，如图 3-27 和图 3-28 所示。

图 3-27

图 3-28

提示！

更改文件打开方式

1. 选择打开方式

　　使用鼠标右键单击需要打开的文件，在弹出的快捷菜单中单击【打开方式】命令，如图 3-29 和图 3-30 所示，用户可以自行选择合适的打开方式。

图 3-29

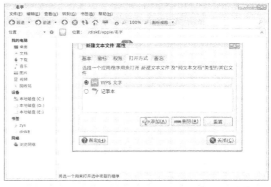

图 3-30

　　2. 添加或删除打开方式

　　根据上一步的操作，继续单击【添加】按钮，在弹出的对话框中选择【文档查看器】选项，单击【添加】按钮，即可将【文档查看器】添加到打开方式中，如图 3-31 所示，添加后的效果如图 3-32 所示。

图 3-31

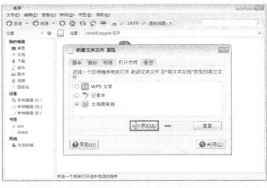

图 3-32

3.3.2 关闭文件或文件夹

当文件使用完毕后，及时关闭不需要的文件，可以提高电脑运行的速度和性能。关闭文件的操作方法有以下两种。

方法 1：标题栏关闭。

单击【关闭】按钮，直接关闭整个对话框，如图 3-33 所示。

方法 2：菜单栏返回。

单击【后退】按钮，返回上一层目录，间接关闭文件，如图 3-34 所示。

图 3-33

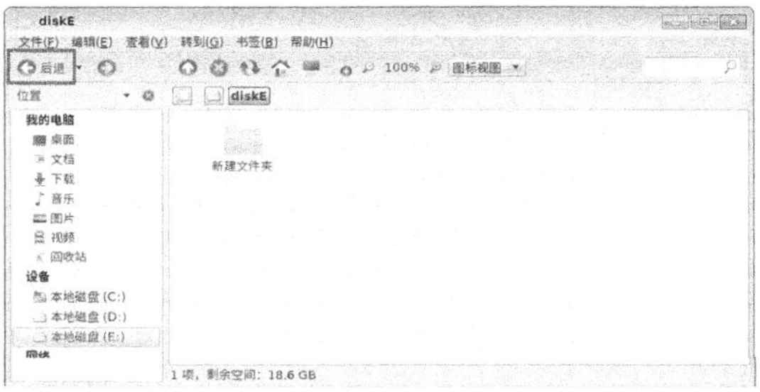

图 3-34

3.4 复制和移动文件或文件夹

在用户使用电脑时，有时需要备份一些文件或文件夹，也就是创建文件的副本或改变文件的位置，此时我们就用到了复制和移动这两个操作。

3.4.1 复制文件或文件夹

在工作或学习的过程中，有时需要备份文件，这时就需要复制文件。复制文件的操作方法有以下 4 种，用户可以根据需要选择合适的操作方法。

方法 1：直接拖动复制。

　　选中要复制的文件或文件夹，按住鼠标左键直接将其拖动到目标储存位置，即可完成文件或文件夹的复制操作，这也是最简单的一种操作方法。

　　方法 2：鼠标右键复制。

　　在需要复制的文件或文件夹上单击鼠标右键，在弹出的快捷菜单中单击【复制】命令。选择目标存储位置，单击鼠标右键，在弹出的快捷菜单中单击【粘贴】命令，如图 3-35 和图 3-36 所示。

图 3-35　　　　　　　　　　　　　　　　　　　　　　　图 3-36

　　方法 3：组合键复制。

　　选中要复制的文件或文件夹，按住【Ctrl】+【C】组合键，选择目标存储位置，按住【Ctrl】+【V】组合键。

　　方法 4：【Ctrl】键复制。

　　选择要复制的文件或文件夹，如图 3-37 所示，按住【Ctrl】键，将其拖动到目标储存位置，然后松手完成操作，如图 3-38 所示。

图 3-37

图 3-38

3.4.2 移动文件或文件夹

在工作或学习的过程中，有时需要传输文件，这时就需要移动文件。主要操作方法有以下 3 种。

方法 1：鼠标右键移动。

在需要移动的文件或文件夹上单击鼠标右键，在弹出的快捷菜单中单击【剪切】命令。选择目标存储位置，单击鼠标右键，在弹出的快捷菜单中单击【粘贴】命令，如图 3-39 和图 3-40 所示。

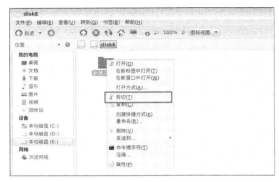

图 3-39

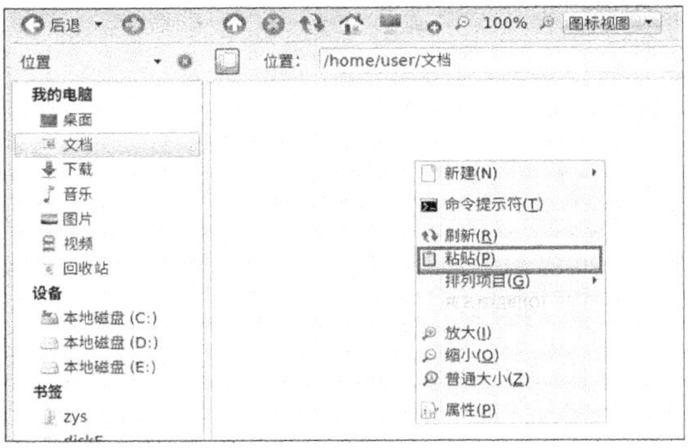

图 3-40

方法 2：组合键移动。

选择要复制的文件或文件夹，按住【Ctrl】+【Ｘ】组合键，选择目标存储位置，按住【Ctrl】+【Ｖ】组合键。

方法 3：【Shift】键移动。

选择要复制的文件或文件夹，如图 3-41 所示，按住【Shift】键，将其拖动到目标储存位置，然后松手完成操作，如图 3-42 所示。

图 3-41

图 3-42

3.5 删除文件、回收站

在使用电脑时，用户有时会需要保存大量的文件。但是磁盘空间有限，保存过多、过大的文件会让电脑的运行速度变慢，因此适当地删除一些不需要的文件就显得尤为重要。用户删除的文件或程序，一般都会出现在回收站，回收站的好处在于万一误删文件或目录，可以将其恢复，这让龙芯电脑的管理维护更加简单方便。

3.5.1 删除文件

当文件使用完毕后，可以选择删除文件，防止文件信息泄露，同时也可以节省磁盘空间。

删除文件的方法有很多，主要有以下 4 种，用户可以根据需要选择合适的方法。

方法 1：鼠标右键删除。

选中需要删除的文件，单击鼠标右键，在弹出的快捷菜单中单击【删除】命令，在弹出的对话框中单击【删除】按钮，如图 3-43 和图 3-44 所示。

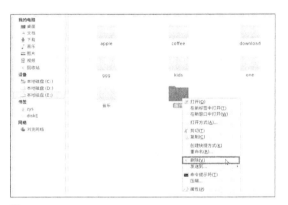

图 3-43   图 3-44

方法 2：拖曳至回收站删除。

选中需要删除的文件，直接用鼠标将其拖曳至回收站，在弹出的对话框中单击【是】按钮，如图 3-45 和图 3-46 所示。

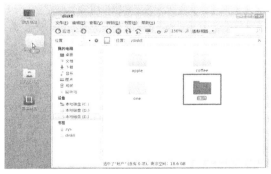
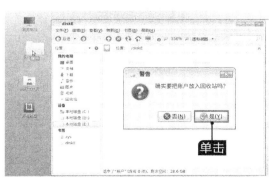

图 3-45   图 3-46

方法 3：快捷键【Delete】键删除。

选中需要删除的文件，按住【Delete】键，在弹出的对话框中单击【删除】按钮，如图 3-47 所示。

图 3-47

3.5.2 如何永久删除一个文件

选中需要删除的文件，按住【Shift】+【Delete】组合键，在弹出的对话框中单击【删除】按钮，如图 3-48 所示，可以永久删除该文件。

图 3-48

3.5.3 回收站

回收站具有多项功能，其菜单栏包括文件、编辑、查看、转到、书签等基本操作。在回收站中，用户还可以更改文件的预览方式、按照关键词搜索删除文件、清空回收站等，如图 3-49 所示。

图 3-49

|案例| 将删除文件恢复

01. 双击打开【回收站】，可以看到所有删除的文件，单击【查看】选项卡→【排列项目】选项，将排序方式改为【按删除时间】，如图 3-50 和图 3-51 所示。

图 3-50

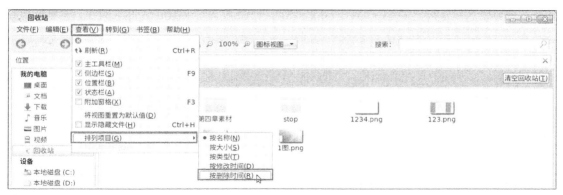

图 3-51

02. 选择【按删除时间】选项后，最近删除的文件会显示在最前面，选中需要恢复的文件，如选中"第四章素材"，单击鼠标右键，在弹出的快捷菜单中单击【恢复】命令，如图 3-52 所示。

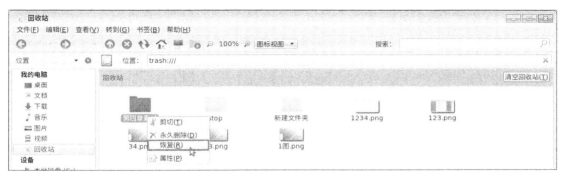

图 3-52

03. 回到删除文件时的原路径，可以查看从回收站恢复的文件，如图 3-53 所示。

图 3-53

3.6 隐藏和显示文件或文件夹

隐藏文件或文件夹可以增强文件的安全性和私密性。

3.6.1 隐藏文件或文件夹

当文件的私密性比较强时，用户可以选择将其隐藏。

在龙芯电脑中，如果文件或者文件夹的名称以"."开头，则在文件管理器中默认是不显示的，我们可以使用这个特点实现隐藏文件或文件夹。在创建一个新文件时，在文件名的开头加一个"."，再输入文件的名称，这个文件是不会显示的，创建一个名称为".hidden"的文件夹，将需要隐藏的所有文件拖曳进去，则文件也不会显示，如图 3-54 所示。

单击【查看】→取消勾选【显示隐藏文件】按钮，文件或文件夹就会被隐藏，如图 3-55 所示。

图 3-54

图 3-55

3.6.2 显示文件或文件夹

如果我们需要使用隐藏的文件，就需要先将隐藏的文件显示出来。

单击【查看】选项卡→勾选【显示隐藏文件】选项，或按住【Ctrl】+【H】组合键，隐藏的文件或文件夹会显示出来，如图 3-56 和图 3-57 所示。

图 3-56

图 3-57

> **提示！**
>
> 创建名称为".hidden"的文件时，输入法一定要设置成"英文、半角"状态，这样才可设置成功。

3.7 压缩和解压缩文件

龙芯电脑提供了压缩文件的功能，用户可以在不安装专门的压缩软件的情况下压缩和解压缩文件。

3.7.1 压缩文件

在需要压缩的文件或文件夹上单击鼠标右键，在弹出的快捷菜单中单击【压缩】→【创建】命令，等待几秒，系统会自动创建一个压缩后的文件，其名称与所压缩的文件相同，如图 3-58 和图 3-59 所示。效果如图 3-60 所示。

图 3-58

图 3-59

图 3-60

3.7.2 解压缩文件

在需要解压缩的文件或文件夹上单击鼠标右键，在弹出的快捷菜单中单击【解压缩到】命令，如图 3-61 所示。在弹出的【解压缩】对话框中选择解压位置，等待几秒，系统会自动解压缩文件，解压缩文件的名称与所压缩文件的名称相同，如图 3-62 和图 3-63 所示。

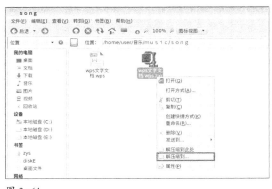

图 3-61

图 3-62

图 3-63

3.8 查找文件

我们经常在电脑中寻找想要的文件时忘记文件的存储位置，如果电脑硬盘里的文件存放得非常乱，那么，要找到自己需要的文件会很困难，所以掌握查找文件的方法很重要。

双击【我的电脑】，在打开后的界面中单击菜单栏的搜索框，输入需要查找的文件的关键词，如图 3-64 和图 3-65 所示。

图 3-64

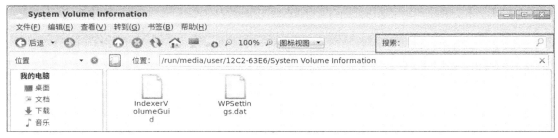

图 3-65

> **提示！**
>
> 利用关键词可以精准地搜索到某个文件，我们可以从以下元素入手，搜索所需文件。
>
> 文档搜索——的标题、创建时间、关键词、作者、摘要、内容、大小。
>
> 音乐搜索——音乐文件的标题、艺术家、唱片集、流派。
>
> 图片搜索——图片的标题、日期、类型、备注。
>
> 因此，在创建文件或文件夹时，建议大家尽可能地完善属性相关的信息，方便日后查找。

3.9 使用 U 盘

U 盘就是闪存盘，如图 3-66 所示。闪存盘是一种采用 USB 接口的无需物理驱动器的微型高容量移动存储产品，它采用的存储介质是闪存 (FlashMemory)。闪存盘不需要额外的驱动器，它将驱动器及存储介质合二为一，只要接入电脑上的 USB 接口，就可独立地存储读写数据。闪存盘体积很小，仅大拇指般大小，重量极轻，

图 3-66

约为 20 克，特别适合随身携带。闪存盘中无任何机械式装置，抗震性能极强。另外，闪存盘还具有防潮防磁、耐高低温（−40℃ ~+70℃）等特性，安全性很好。

3.9.1 插入 U 盘

将 U 盘插到电脑上，电脑识别后，会在"我的电脑"中出现一个新的盘符和可移动硬盘的图标，双击图标即可打开 U 盘。另外，在桌面右下角的通知区域也会出现一个盘符的图标。双击这个图标也可以打开 U 盘。用户可以把 U 盘里的文件或图片拷贝到电脑上，也可以把电脑上的文件或图片拷贝到 U 盘里，如图 3-67 和图 3-68 所示。

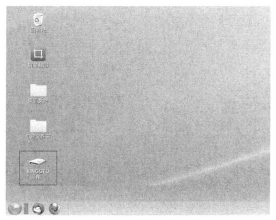

图 3-67

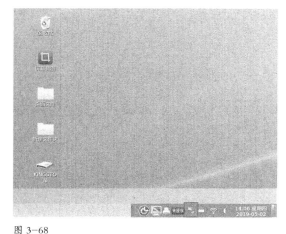

图 3-68

｜案例｜ 将我的电脑里的图片拷贝至 U 盘

01. 将 U 盘插入电脑 USB 接口，电脑识别后，双击【我的电脑】，找到需要拷贝的图片，如图 3-69 所示。

02. 选中需要拷贝的两张图片，单击鼠标右键，在弹出的快捷菜单中单击【复制】命令，如图 3-70 所示。

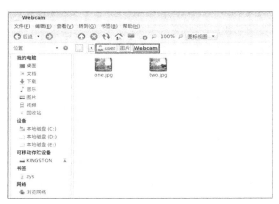

图 3-69

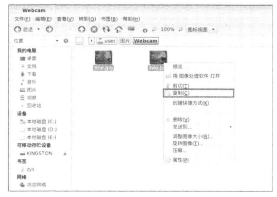

图 3-70

03. 找到 U 盘中的图片存放路径，在空白区域单击鼠标右键，在弹出的快捷菜单中单击【粘贴】命令，如图 3-71 和图 3-72 所示。完成操作，单击【关闭】按钮。

图 3-71

图 3-72

3.9.2 弹出 U 盘

U 盘使用完毕后，选中 U 盘，单击鼠标右键，然后单击【弹出】命令，接着拔出 U 盘，如图 3-73 所示。

图 3-73

提示！

使用完 U 盘后，如果不单击【弹出】命令就直接拔出 U 盘，可能会导致后台正在运行的数据丢失或损坏。有些质量不好的 U 盘在直接拔出的时候，会形成电流而突然断电，这也会对 U 盘造成损伤。

3.10 通过网络共享其他 Windows 电脑的文件

有时因为工作或学习的需要，要将其他电脑的文件或图片等共享到我们使用的电脑，以达到资源共享的目的。要实现资源共享，首先要保证两台电脑处于同一个局域网中，如果两台电脑连接的是同一个路由器，就默认在同一个局域网中。

|案例| 在 Windows 电脑中创建账户

01. 打开 Windows 电脑中的【设置】对话框，选择【家庭和其他人员】选项，在右侧单击【将其他人添加到这台电脑】前的按钮，创建一个账户，如图 3-74 所示。

02. 弹出【Microsoft 账户】对话框，输入用户名和密码创建用户信息。单击【下一步】按钮，完成账户的创建，如图 3-75 所示。

图 3-74　　　　　　　　　　　　　　　　　　图 3-75

|案例| **Windows 电脑查看 IP 地址**

01. 使用鼠标右键单击状态栏右下角的网络图标，单击【打开"网络和 Internet"设置】命令，如图 3-76 所示。

图 3-76

02. 单击【更改连接属性】选项，如图 3-77 所示。

03. 向下滑动可以找到 Windows 电脑的 IP 地址，如图 3-78 所示。

图 3-77　　　　　　　　　　　　　　　　　　图 3-78

提示！

　　一定要仔细查看 IP 地址，避免出现共享地址错误的情况！

案例 Windows10 系统的文件共享到龙芯电脑

01. 在 Windows 电脑中选中想要分享的文件，单击鼠标右键，然后单击【属性】命令，如图 3-79 所示。

02. 在【loong 属性】对话框中单击【共享】按钮，如图 3-80 所示。

图 3-79

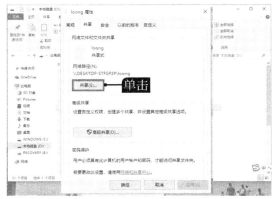

图 3-80

03. 在弹出的【网络访问】对话框中选择【Everyone】选项，共享给所有人，在【权限级别】一栏选择【读取 / 写入】选项，单击【共享】按钮，如图 3-81 所示。

04. 弹出提示对话框，显示"你的文件夹已共享"，单击【完成】按钮，完成文件共享，如图 3-82 所示。

图 3-81

图 3-82

提示！
　　共享成功的窗口提示弹出即说明共享完成，若没有弹出则说明共享未完成。

05. 在龙芯电脑中，单击【开始】按钮→【连接到服务器】选项，打开【连接到服务器】对话框，操作界面如图 3-83 所示。

06. 在【服务器】一栏输入 Windows 电脑的 IP 地址，选择【类型】为【Windows 共享】。输入完成后，下面会自动弹出【用户详细信息】区域，如图 3-84 所示。

图 3-83

图 3-84

提示！

　　电脑的 IP 地址一定要输入正确，类型也要确保选择无误。

07. 输入在 Windows 中注册过的账户信息，即用户名和密码，单击【连接】按钮，如图 3-85 所示。

08. 弹出 Windows 共享窗口，找到共享文件夹，共享成功，如图 3-86 所示。如果连接过程中出现问题，可以找负责网络的技术人员设置网络配置，确保两台电脑能够互相访问。

图 3-85

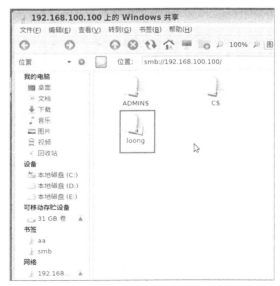

图 3-86

3.11 从其他 Windows 电脑通过网络共享龙芯电脑的文件

|案例| 查看龙芯电脑的 IP 地址

01. 单击桌面状态栏右侧的网络按钮 ![]，选择【连接信息】选项，打开【连接信息】对话框，如图 3-87 所示。

02. 在【连接信息】对话框中的【IPv4】区域可以找到龙芯电脑的 IP 地址，如图 3-88 所示。

图 3-87

图 3-88

|案例| 龙芯电脑文件共享到 Windows10 系统电脑

01. 在龙芯电脑中打开【开始菜单】→【控制面板】→【文件共享】，如图 3-89 和图 3-90 所示。

图 3-89

图 3-90

02.在弹出的【文件共享】窗口中，单击【首选项】→【Samba 用户】选项，如图 3-91 所示。弹出【Samba 用户】对话框，单击【添加用户】按钮，创建一个龙芯账户，如图 3-92 所示。

图 3-91

图 3-92

03. 输入相应的信息，单击【确定】按钮，如图 3-93 所示。

04.弹出【选择目录】对话框，提示选择目录文件夹（此处选择的目录为预先创建）。此案例中把 "Test" 文件夹作为共享目录，选择好后单击【确定】按钮，如图 3-94 所示。

图 3-93

图 3-94

05. 在弹出的【创建 Samba 共享】对话框的【基本】选项卡下，根据需要勾选【可擦写】和【显示】复选框，这可以让 Windows 用户收到共享文件后对文件进行编辑修改等，如图 3-95 所示。

06. 在【访问】选项卡下，勾选相应的用户，单击【确定】按钮，如图 3-96 所示。

图 3-95

图 3-96

07. 弹出【文件共享】窗口，显示刚刚分享的文件目录，说明共享成功，如图 3-97 所示。

08. 在 Windows 电脑中打开网络，在资源树中使用鼠标右键单击【网络】→【映射网络驱动器】选项，如图 3-98 所示。

图 3-97

图 3-98

09. 在弹出的【映射网络驱动器】对话框中，选择合适的驱动器，输入龙芯桌面电脑的 ip 地址和共享目录的名称，格式参照示例的样式，单击【完成】按钮，如图 3-99 所示。

10. 自动打开龙芯共享目录下的文件夹，如图 3-100 所示。

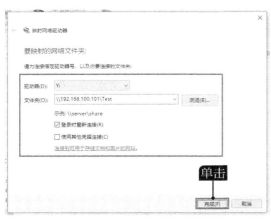

图 3-99

图 3-100

3.12 在龙芯电脑上访问手机中的文件

有时我们需要将手机上的文档或图片上传到电脑，或者通过电脑来查看手机中的文件、图片和程序，此时我们需要先把龙芯电脑和手机连接起来。

01. 用手机数据线的两端连接龙芯电脑和手机，在手机上打开"媒体设备"，如图 3-101 和图 3-102 所示。龙芯电脑中会显示出一个虚拟磁盘（如"Redmi Note 3"），如图 3-103 所示。

图 3-101

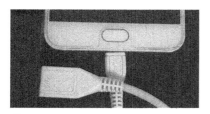

图 3-102

图 3-103

02. 双击"手机存储"，可以看到目录内容和手机中的目录内容不完全相同，因为电脑中显示的目录更全面，如图 3-104 和图 3-105 所示。连接成功后，可以实现读写、复制、移动手机中的文件等操作，具体操作步骤可以参考本章 3.4 节的内容。

图 3-104

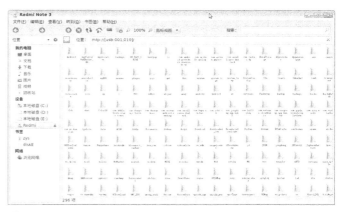

图 3-105

提示！

市面上有各种型号的手机，用户可以试验一下自己的手机能否按照上面的方法实现文件传送，如果无法实现，则可采用下一节介绍的方法来传送文件。

3.13 利用微信在电脑和手机之间传送文件

随着移动客户端的发展，越来越多的人使用微信办公和学习，我们可以利用微信中的"文件传输助手"将手机上的文档或图片上传到电脑。

▌案例▌ 利用微信"文件传输助手"传输文件

01. 打开龙芯电脑的微信网页版，详细操作步骤可以参考 6.4 节，用手机移动端的"扫一扫"登录，如图 3-106 所示。

02. 登录后，找到"文件传输助手"，如图 3-107 所示。

图 3-106

图 3-107

03. 如果要从电脑向手机传送文件，则执行下面的操作：单击【图片和文件】按钮，找到需要传输的文件，如"E 盘 \one\pro.dps"文件，单击【Open】按钮确认，如图 3-108 和图 3-109 所示。

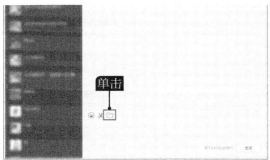

图 3-108

图 3-109

04. 等待几秒，即可看到文件传输成功，如图 3-110 所示。这时，用户在手机上的微信 App 中可以查看文件、下载文件，如图 3-111 所示。

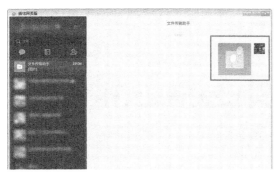

图 3-110

图 3-111

05. 如果要从手机向电脑传送图片，则执行下面的操作：找到手机中需要共享的图片并选中，点击【分享】，选择【发送给朋友】，如图 3-112 和图 3-113 所示。

图 3-112

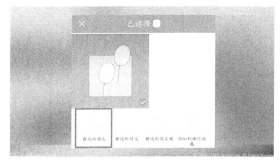

图 3-113

06. 在弹出的对话框中点击【发送】，发送图片至"文件传输助手"，如图 3-114 所示。发送完毕后，即可打开电脑查看或下载此图片，如图 3-115 所示，共享完成。

图 3-114

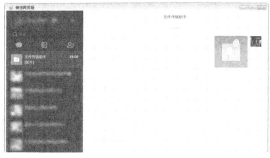

图 3-115

> **提示！**
> 在有网络连接的情况下，还可以使用 QQ 和网盘等工具来传输文件，具体操作与微信传输文件类似。

3.14 利用百度网盘传输或下载文件

　　百度网盘是目前较实用的一款网络云备份存储工具，很多人会将一些较大且较重要的文件上传到百度网盘，百度网盘可以实现好友之间文件的共享、上传和下载，龙芯支持百度网盘网页版，用户可以在网页版上使用网盘的所有功能。

| 案例 | 利用百度网盘向别人传输文件

01. 在浏览器中打开百度网盘网页版，登录个人账号，选中想要分享的文件，单击分享图标 ，如图 3-116 所示。

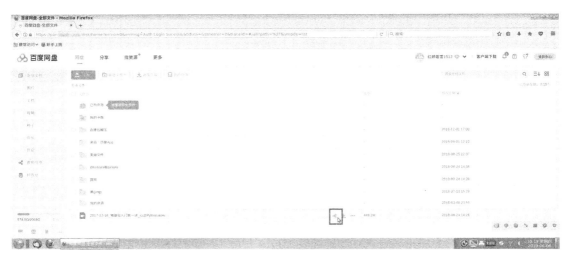

图 3-116

02. 选择链接分享，根据需要选择有提取码或无提取码，单击【创建链接】按钮，如图 3-117 所示。

03. 显示成功创建链接后，单击【复制链接及提取码】按钮，复制完成后把链接粘贴发送给微信或 qq 好友，如图 3-118 所示。

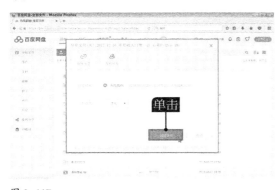

图 3-117

图 3-118

04. 选择要发送的好友，如图 3-119 所示。

05. 可选择多个好友同时分享，选择完成后单击【分享】按钮，如图 3-120 所示。

图 3-119

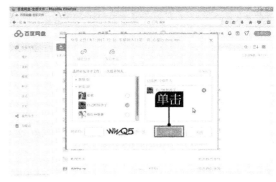

图 3-120

06. 分享成功后，可在与好友的对话中看到相应的分享内容，如图 3-121 所示。

图 3-121

|案例| **利用百度网盘下载好友分享的文件**

01. 打开百度网盘的分享列表，如图 3-122 所示。

图 3-122

02. 找到好友分享的文件，单击下载图标，如图 3-123 所示。

图 3-123

03. 弹出相应对话框，选择打开或保存文件，这里选择下载，如图 3-124 所示。

04. 单击浏览器的右上角的下载管理器，可以看到当前文件的下载进度，如图 3-125 所示。

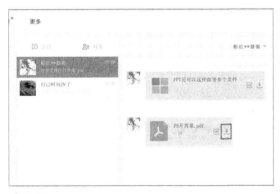

图 3-124

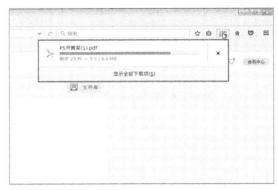

图 3-125

05. 下载完成后，单击右侧的文件夹图标 📁，打开文件所在的文件夹，如图 3-126 所示。

06. 打开文件夹查看下载的文件，如图 3-127 所示。

图 3-126

图 3-127

|案例| 利用百度网盘下载链接的文件

01.收到下载链接后,如图 3-128 所示,先复制链接到浏览器中,打开后,输入正确的提取码,单击【提取文件】按钮,如图 3-129 所示。

图 3-128　　　　　　　　　　　　　　　　　　图 3-129

02.密码正确,然后选择所需资源,完成下载,如图 3-130 所示。

图 3-130

03.在弹出的对话框中,选择保存文件,完成保存后,即可查看和使用文件。

第**04**章

应用商店

在龙芯电脑的应用商店中，用户可以获取并安装应用程序，如商务办公、影音娱乐、日常生活等，不同的应用程序可以满足用户不同的使用需求，丰富用户的使用体验。本章主要介绍启动应用商店，安装或卸载应用商店软件的方法等。

学习目标

了解应用商店

了解更新系统的方法

学习重点

使用应用商店搜索、安装、卸载软件

系统软件的更新

主要内容

启动应用商店

搜索应用商店

安装应用软件

卸载软件

软件升级

4.1 启动应用商店

单击【开始菜单】→【系统工具】→【中标麒麟软件中心】，启动应用商店，应用商店中包括办公应用、编程开发、行业应用等类别，默认显示【全部软件】列表，如图 4-1 和图 4-2 所示。

图 4-1   图 4-2

4.2 搜索应用软件

用户可以通过搜索栏快速根据关键词搜索需要的软件。在右侧搜索栏中输入要下载的应用，如"备忘录"，在搜索框下方会弹出相应的应用列表，如图 4-3 所示。

图 4-3

4.3 **安装应用软件**

单击【一键安装】按钮，即可安装该软件，系统自动出现安装进度条，如图 4-4 所示。

图 4-4

4.4 **卸载软件**

当不需要系统已有的软件时，可以选择该软件，然后将其卸载，节省磁盘空间。

单击【开始菜单】→【系统工具】→【中标麒麟软件中心】，勾选需要卸载的软件，单击【卸载】
按钮，在弹出的对话框中单击【确定】按钮，即可卸载该软件，如图 4-5 和图 4-6 所示。

图 4-5

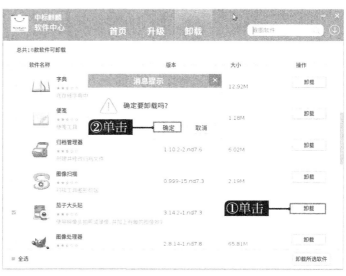

图 4-6

4.5 软件升级

当发现系统软件需要升级时，及时升级软件可以提升软件使用的流畅度，修正以前软件里存在的 bug，增加一些技术支持。

01. 单击【开始菜单】→【控制面板】，然后打开系统更新面板，如图 4-7 和图 4-8 所示。

图 4-7

图 4-8

02. 弹出【系统更新】对话框，显示有 1 个更新可用，勾选想要更新的软件，单击【安装更新】按钮，即可更新相应软件，如图 4-9 所示。

图 4-9

提示！

　　系统更新常见的操作可以参见 12.1.1 小节。

第 **05** 章

文字输入

当用户使用电脑时，免不了需要输入文字。本章主要介绍输入文字时的指法、输入法、文字输入常识与技巧等内容。熟练掌握这些内容后，用户可以快速正确地输入文字。

学习目标

学习文字输入

设置输入法

学习重点

文字输入的技巧

输入法的相关设置

主要内容

指法

输入法

文字输入的技巧

输入法的设置

5.1 指法

指法是指用电脑打字时，手指敲键盘的原则和方法。学习正确的指法能够降低文字输入的差错率，并能极大地提高文字输入速度。

5.1.1 手指的基准键位

为了保证文字输入的速度，在没有击键时，十指可放在键盘的中央，也就是基准键位上，这样无论是敲击上方的按键还是下方的按键，都可以快速击键并返回。

主键盘区包括基本字符键和部分系统控制键，共有 58 个键，如图 5-1 所示。

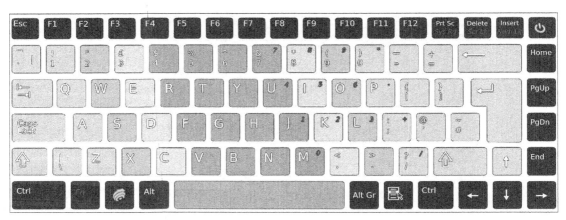

图 5-1

键盘中有 8 个按键被规定为基准键位，基准键位位于主键盘区，是打字时确定其他键的位置的标准，从左到右依次为【A】【S】【D】【F】【J】【K】【L】【；】，如图 5-2 所示。敲击前将手指虚放在基准键位，注意不要按下按键。

图 5-2

5.1.2 手指的正确分工

键盘上按键的排列是根据字母在英文打字中出现的频率而精心设计的，正确的指法可以帮助用户提高手指击键的速度，提高输入的准确率，减少手指疲劳。

在敲击按键时，每个手指负责各自所对应的基准键附近的按键，左右手所负责的按键的具体分配情况如图 5-3 所示。

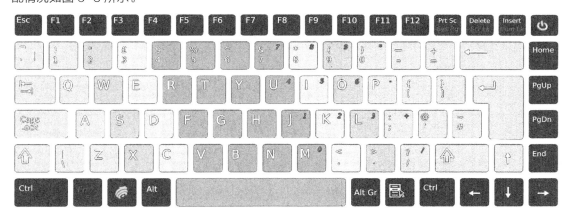

图 5-3

图中用不同的颜色和线条区分了双手十指具体负责的键位，具体说明如下。

左手：食指负责【4】【5】【R】【T】【F】【G】【V】【B】这 8 个键；中指负责【3】【E】【D】【C】这 4 个键；无名指负责【2】【W】【S】【X】这 4 个键；小指负责【1】【Q】【A】【Z】及其左边的所有按键。

右手：食指负责【6】【7】【Y】【U】【H】【J】【N】【M】这 8 个键；中指负责【8】【I】【K】【，】这 4 个键；无名指负责【9】【O】【L】【。】这 4 个键；小指负责【O】【P】【；】【/】及其右边的所有按键。

拇指：双手的拇指用来控制空格键。

5.2　输入法

输入法是指为将各种符号输入电脑而采用的编码方式。龙芯电脑为用户提供了常见的输入法，包括搜狗拼音输入法、万能五笔输入法和智能拼音输入法等。

5.2.1　输入法菜单

单击【面板输入法】图标 □，会显示输入法列表，龙芯电脑提供了几种常见的输入法，分别是英语、搜狗拼音输入法、万能五笔和智能拼音输入法，如图 5-4 所示。

图 5-4

▎案例▎ 如何在输入法菜单中切换输入法

01. 当前显示的输入法为"智能拼音输入法"，单击【全拼输入法】图标■→【万能五笔】，如图 5-5 所示。

02. 输入法更换成了万能五笔输入法，如图 5-6 所示。

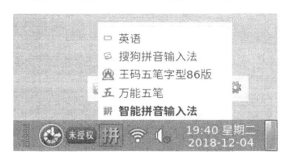

图 5-5

图 5-6

5.2.2 输入法快捷键

在打字的过程中，我们经常要切换输入法，除了可以在输入法菜单上直接单击来切换，还可以使用快捷键实现输入法的快速切换。使用鼠标右键单击【面板输入法】图标■，在弹出的菜单中，可以看到首选项、关于、重新启动这 3 部分，单击【首选项】命令，如图 5-7 所示。

打开【IBus 首选项】对话框，首选项界面由常规、输入法、快捷键 3 部分构成，单击【快捷键】选项卡，进入输入法首选项设置界面的快捷键标签页，默认切换中英文的快捷键为【Ctrl】+【Space】，切换输入法的快捷键为【Ctrl】+【Shift】，如图 5-8 所示。

图 5-7

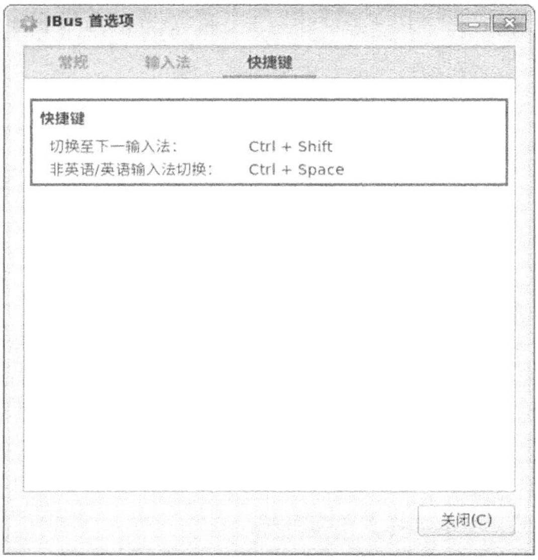

图 5-8

▎案例▎ 如何使用快捷键方式切换输入法

当前输入法为"智能拼音输入法"，如图 5-9 所示。按住【Ctrl】+【Shift】组合键将输入法切换至"万能五笔"，如图 5-10 所示。

图 5-9

图 5-10

|案例|　如何使用快捷键方法切换中英文

当前输入法为"中文"，如图 5-11 所示，按快捷键【Ctrl】+【Space】可将输入法切换至英文，如图 5-12 所示。

图 5-11

图 5-12

5.3　文字输入技巧

　　本节介绍简拼、双拼混合输入和中英文混合输入等输入技巧，用户掌握这些技巧后，可以快速正确地实现文字输入。

5.3.1　简拼、双拼混合输入技巧

　　简拼输入是指当输入词语时，只输入两个词语的首字母。双拼输入是指在输入文字时，不但使用简拼，还使用全拼，运用这两种输入技巧可以提高输入效率。

|案例|　如何使用简拼输入文字

选择"搜狗"输入法，如果是在全拼模式下输入"计算机"，要在键盘中输入"jisuanji"，如图 5-13 所示。在简拼模式下输入"计算机"，则只需要在键盘中输入"jsj"即可，如图 5-14 所示。

图 5-13

图 5-14

▌案例▌ 如何使用双拼输入文字

双拼输入是指在输入文字的过程中，不但使用简拼，还使用全拼。例如，想要输入"longmajingshen"，使用双拼输入法，只需输入"longmjs""lmajings"或"longmjs"即可，如图5-15所示。注意：上述两种输入技巧只能在"搜狗"输入法中使用。

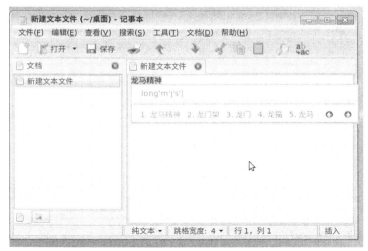

图 5-15

5.3.2 通过按【Enter】键输入拼音

在输入文字时，按【Enter】键可以直接输入拼音。

▌案例▌ 如何通过按【Enter】键输入拼音

选择搜狗拼音输入法，输入"搜狗"的拼音，然后按【Enter】键，可以输入拼音字符，如图5-16所示。

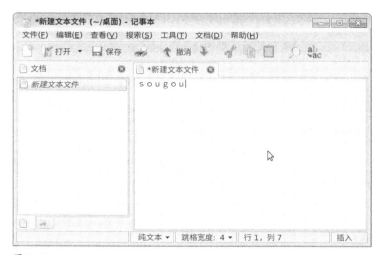

图 5-16

5.3.3 中英文混合输入

搜狗拼音输入法中自带中英文混合输入功能，便于用户快速地在中文输入的状态下输入英文。

▌案例▐ 如何进行中英文混合输入

对于中英文混合的内容，直接连续输入中英文内容，搜狗拼音输入法会自动识别，如输入"你好的英文是hello"，如图 5-17 所示。

图 5-17

5.3.4 全半角输入技巧

使用中文输入法时，用户经常会遇到这样的情况，输入中文某些字符或字母的时候，输出的形状比较奇怪，这是因为使用了全角输入模式。

全角模式：输入 1 个字会占用 2 个字符的位置，输入"zhongbiaoqilin"，如图 5-18 所示。

半角模式：输入 1 个字会占用 1 个字符的位置，输入"zhongbiaoqilin"，如图 5-19 所示。

图 5-18

图 5-19

▌案例▐ 如何进行全角半角切换

如图 5-20 所示，当前显示为全角模式，只要单击全角模式图标，就可以转换成半角模式，如图 5-21 所示。

图 5-20

图 5-21

5.4 输入法配置

本节介绍添加输入法和设置输入法皮肤的方法。

5.4.1 添加输入法

龙芯操作系统提供了很多输入法，用户可根据个人喜好添加输入法。

|案例| **如何添加输入法**

01. 使用鼠标右键单击▭按钮→【首选项】，如图 5-22 所示。

02. 弹出【IBus 首选项】对话框，显示英语、搜狗拼音输入法、万能五笔和智能拼音输入法，用户可根据自己的需求添加或删除输入法，如图 5-23 所示。

图 5-22

图 5-23

03. 在【IBus 首选项】对话框中，单击【常规】选项卡，选择要添加的输入法，如中标麒麟手写输入法，如图 5-24 所示。

04. 单击【添加】按钮，将选择的中标麒麟手写输入法添加到用户可使用的输入法列表，如图 5-25 所示。

图 5-24

图 5-25

05. 关闭设置窗口，单击▭按钮，中标麒麟手写输入法已加入到用户可使用的输入法列表中，如图 5-26 所示。

06. 中标麒麟手写输入法的效果如图 5-27 所示。

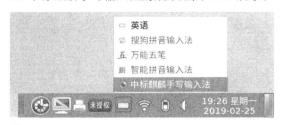

图 5-26

图 5-27

5.4.2 设置输入法皮肤

输入法皮肤是输入法的装饰，搜狗拼音输入法提供了很多皮肤，用户可根据个人喜好设置相应的皮肤。

搜狗拼音输入法提供了多种皮肤，如果当前不是搜狗拼音输入法，可以按住【Ctrl】+【Shift】快捷键将输入法切换成搜狗拼音输入法。

|案例| 如何设置输入法皮肤

01. 单击【皮肤】 ☞ 按钮，如图 5-28 所示，搜狗拼音输入法包括【默认皮肤】【花满城】【小帅狐】3 种皮肤，如图 5-29 所示。

图 5-28

图 5-29

02. 单击【花满城】单选钮，如图 5-30 所示，更换皮肤后的输入界面如图 5-31 所示。

图 5-30

图 5-31

第06章

上网

随着计算机的普及和网络的发展，上网已经成为人们生活中不可或缺的一部分。本章主要介绍网络连接，浏览器和上网的基本操作等。

学习目标

了解龙芯电脑的网络连接方式

了解龙芯电脑访问 Windows 电脑的方法

学习重点

掌握访问互联网、局域网和其他电脑的方法

主要内容

连接网络

使用浏览器上网

在线购物

微信的使用

收发电子邮件

网络资源的搜索、下载

FTP 客户端的使用

远程桌面登录系统

6.1 连接网络

在龙芯电脑中，连接到互联网和其他类型的网络都由 NetworkManger 控制。NetworkManger 可用来配置多种类型的网络接口和连接，以便访问互联网、局域网和虚拟专用网（VPN）。

6.1.1 连接无线网络

从可用的无线网络列表中选择要连接的网络，输入密码便可以完成无线网络的连接。

|案例| 如何连接无线网络

01. 单击【网络连接】，系统会显示自动搜索到的可用的无线网络，如图 6-1 所示。

02. 选中想要连接的网络，如"huiyishi801"，如图 6-2 所示。

03. 弹出【输入密码】对话框，输入密码，单击【连接】按钮，如图 6-3 所示。

图 6-1

图 6-2

图 6-3

04. 无线网络连接成功的图标为 ，白色方格表示网络信号的强弱，如图 6-4 所示。

图 6-4

6.1.2 连接有线网络

有线网络采用同轴电缆、双绞线和光纤来连接计算机网络，是比较经济且安装较为方便的连接网络的方式。

|案例| 如何连接有线网络

01. 单击【网络连接】图标，系统会显示自动搜索到的无线网络，单击【编辑连接】，如图 6-5 所示。

02. 弹出【网络连接】对话框，单击【添加】按钮，如图 6-6 所示。

图 6-5

图 6-6

03. 弹出【选择新的网络连接】对话框，可以发现该对话框列出了多种网络连接类型，如有线连接、无线连接、移动网络等，如图 6-7 所示。

04. 选择有线连接后，弹出【正在编辑 以太网连接】对话框，当前采用手动分配 IP 的方法，然后添加 IP 地址、子网掩码等相关信息，单击【保存】按钮完成连接，如图 6-8 所示。

05. 有线网络连接后，图标变为 🖥，如图 6-9 所示。

图 6-7

图 6-8

图 6-9

6.2　**使用浏览器上网**

龙芯电脑支持 Firefox 和 Chromium 这两款浏览器，两款浏览器的图标如图 6-10 所示。

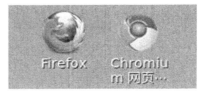

图 6-10

085

Firefox 和 Chromium 都是符合 W3C（World Wide Web Consortium，万维网联盟）标准的浏览器，能够完善支持 JavaScript/HTML/CSS 等标准的网页协议规范，两者都兼容 HTML 网页标准。用户可以根据自己的习惯选择使用两者中的一个。

6.2.1 Firefox 浏览器

Mozilla Firefox，中文名为"火狐浏览器"，它是一个开源网页浏览器，支持多种操作系统，如 Windows、Mac 和 Linux。它以安全性高、稳定性好、运行速度快、个性化十足、占用资源少和功能完善等特点获得了全球众多用户的青睐。

单击【开始】→【互联网】→【Firefox 浏览器】，打开浏览器，如图 6-11 所示，启动后的界面如图 6-12 所示。

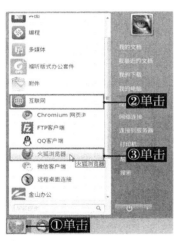

图 6-11

图 6-12

6.2.2 Chromium 浏览器

Chromium 是 Google 主导开发的一款网页浏览器，它基于 KHTML 的 Webkit 渲染引擎，以 BSD 许可证等多重自由版权发行并开放源代码，具有高速、稳定、安全等特点。

单击【开始】→【互联网】→【Chromium 网页浏览器】，打开浏览器，如图 6-13 所示，启动后的界面如图 6-14 所示。

图 6-13

图 6-14

6.3　常用上网操作

常用的上网操作包括添加书签、访问常用网站、在线播放视频和网上购物等。

6.3.1　浏览器主页面

浏览器主页面包括标签、地址栏、菜单栏等。

1. 标签

标签栏在浏览器页面的中上方，显示已经打开的网页标题。

|案例|　如何固定标签

01. 打开浏览器，在搜索框输入自己想要保存为标签页面的网站名称，如"百度"。将鼠标光标移动到标签栏中的【百度一下，你就知道】，然后单击鼠标右键，在弹出的快捷菜单中单击【固定标签页】命令，如图 6-15 所示。

02. 固定标签页成功后，页面最左边就多了一个缩起来的图标，如图 6-16 所示。

图 6-15

图 6-16

2. 地址栏

打开浏览器，如图 6-17 所示。如果要访问一个网址，只需在地址栏输入网址，然后按键盘上的回车键即可，如图 6-18 所示。

图 6-17

图 6-18

3. 菜单栏

菜单栏有新建窗口、保存页面、打印、历史记录等常用功能，用户可根据需要自行使用，菜单栏如图 6-19 所示。

图 6-19

4. 访问常用网站

网站是指在因特网上根据一定的规划，使用 HTML 等工具制作的用于展示特定内容的相关网页的集合。常用的网站有百度、新浪、京东等，图 6-20 所示为京东购物网站的界面。

图 6-20

5. 在线播放视频

在线播放是一种网上视频的播放形式，用户不用下载视频，就可以直接播放视频。在线播放可以通过 Flash、优酷、爱奇艺等网站实现。

|案例|　如何实现在线播放

01. 打开一个在线视频网站，搜索想观看的视频内容，如图 6-21 所示。

02. 单击播放，可在线播放视频，如图 6-22 所示。

图 6-21

图 6-22

6. 在线购物

　　龙芯电脑还可以实现在线购物。

|案例|　在京东网站上购物商品

01. 使用浏览器打开京东购物网站，如图 6-23 所示。

02. 在搜索栏中输入想要购买的商品，以购买《龙芯应用开发标准教程》为例，在搜索栏中输入关键词"龙芯"，在弹出的词条中选择商品名称，单击【搜索】按钮，如图 6-24 所示。

图 6-23

图 6-24

03. 在符合词条的商品中浏览并挑选想要购买的商品，如图 6-25 所示。

图 6-25

04. 单击想要购买的商品，在此界面中可查看商品的详细信息、商品评论以及售后保障。将商品加入购物车，如图 6-26 所示。

05. 加入购物车后，可以在购物车中找到所选商品，确认信息无误，勾选商品，然后单击【去结算】按钮，如图 6-27 所示。

图 6-26

图 6-27

06. 详细填写收货人信息、付款信息、发票信息以及配送方式等。确认无误后单击【提交订单】按钮，如图 6-28 和图 6-29 所示。

图 6-28

图 6-29

07. 进入付款页面，选择支付方式，如图 6-30 所示。

08. 选择微信支付，如图 6-31 所示。按照流程提示支付货款，即可完成购买。

图 6-30

图 6-31

09. 支付完成后，生成新订单并显示订单编号。用户可进入【我的京东】→【订单中心】查看订单的详细信息。

6.3.2　书签

书签的作用是记录阅读进度，方便下次查找。

|案例| 如何设置书签

01. 使用浏览器打开任意一个网页。单击 ★ 按钮添加书签，为了方便查询，可以编辑书签名称并指定文件夹保存，如图 6-32 所示。

02. 下次需要查找阅读时，可单击 📁 按钮进行查找，如图 6-33 所示。

图 6-32

图 6-33

6.3.3　历史记录

在使用电脑浏览资料时，电脑会留下痕迹，我们可以通过查找网页浏览历史记录来查找访问过的网址，但是在历史记录中只能查找最近两天的内容。

|案例| 查找历史纪录

单击菜单栏的【历史记录】按钮 🕒，如图 6-34 所示，会弹出图 6-35 所示的界面。

图 6-34

图 6-35

6.3.4 下载文件

在使用浏览器上网的过程中，经常需要下载文件。

|案例| 从 QQ 邮箱中下载文件的方法

01.单击【开始】→【互联网】→【火狐浏览器】，在浏览器中搜索 QQ 邮箱，登录 QQ 邮箱，如图 6-36 所示。

02.找到要下载的邮件附件，单击【下载】链接，单击浏览器右上角【下载】 按钮，选择【显示全部下载项】，如图 6-37 所示，弹出【我的足迹】窗口，用户可以选择直接打开下载的附件，也可以选择【在文件夹中查看】来打开下载的附件，如图 6-38 和图 6-39 所示。

图 6-36

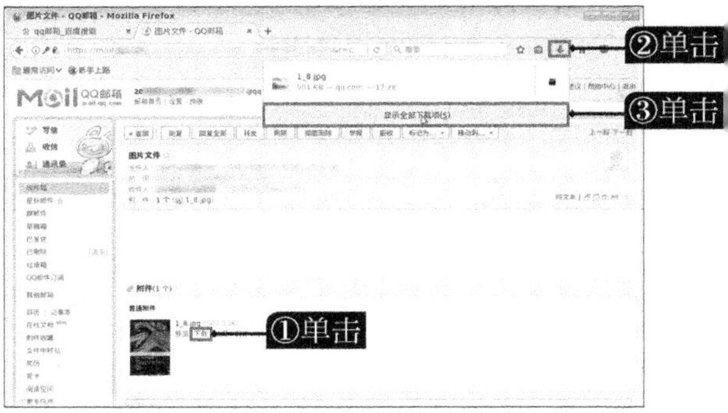

图 6-37

图 6-38

图 6-39

6.3.5 设置代理服务器

代理服务器是客户端和服务器之间的中介。

|案例| 如何设置代理服务器

01.单击【火狐浏览器】→【首选项】，弹出"选项框"，如图 6-40 所示。

02.单击【高级】→【网络】→【设置】按钮，如图 6-41 所示。

03.弹出【连接设置】对话框，用户可在此设置代理服务器。设置代理服务器的方式包括自动检测此网络的代理设置、使用系统代理设置、手动配置代理和自动代理配置，设置完成后，单击【确定】按钮，完成代理服务器的设置，如图 6-42 所示。

图 6-40

图 6-41

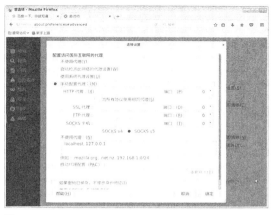

图 6-42

6.4 微信的使用

微信是腾讯公司推出的一个为智能终端提供即时通信的免费应用程序。微信支持跨通信运营商、跨操作系统平台发送免费语音短信、视频、图片和文字，同时也可以基于"朋友圈""公众号"等服务插件共享资料。

6.4.1 微信的登录

|案例|　如何登录微信

01. 单击【开始】→【互联网】→【微信客户端】，如图 6-43 所示。

02. 弹出【微信网页版】页面，如图 6-44 所示。

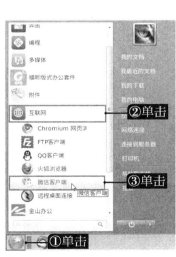

图 6-43

图 6-44

使用电脑登录微信时，需要手机微信授权，授权登录后进入微信电脑版主页面，主页面左侧从左到右的图标依次代表聊天、阅读、通讯录，如图 6-45 所示。单击【聊天】选项卡，会出现聊过天的好友列表，单击【阅读】选项卡，会出现用户所关注的公众号最近的推文，单击【通讯录】选项卡，会出现用户添加的联系人和关注的公众号等。

电脑版微信的聊天功能包括发送文字、表情、截图以及传送文件，如图 6-46 所示。

图 6-45

图 6-46

6.4.2 使用微信聊天

|案例| 如何使用微信聊天

01. 在输入框中输入要发送的文字或表情，如图 6-47 所示。

02. 单击【发送】按钮，如图 6-48 所示。

图 6-47

图 6-48

6.5　在龙芯电脑中登录邮箱

　　龙芯电脑提供了 Linux Thunderbird 邮件客户端。由于每个公司的邮箱配置不同，具体配置方法请咨询本单位的邮件管理员。Thunderbird 的界面和使用方法和 Outlook、Foxmail 等软件都非常相似，可以很容易上手学会。下面介绍 Thunderbird 的使用方法。

　　单击【开始】→【办公】→【电子邮件】，如图 6-49 所示。用户在第一次使用 Thunderbird 时，会出现如图 6-50 所示的邮件账号设置提示，要求用户设置邮件账号。

图 6-49

图 6-50

6.6 网络资源搜索、下载

本节介绍如何搜索和下载网络资源。

|案例| 如何搜索、下载网络资源

01.单击【开始】→【互联网】→【火狐浏览器】，如图 6-51 所示。

02.弹出 "Firefox 浏览器" 主页面，在搜索条中输入相关词条，如舞蹈图片，单击搜索按钮，如图 6-52 所示。

图 6-51

图 6-52

03.使用鼠标右键单击图片，在弹出的快捷菜单中单击【将图像另存为】命令，如图 6 -53 所示。弹出【保存图像】对话框，选择图片保存的位置，如桌面 —— 新建文件夹 2，单击【保存】按钮，如图 6-54 所示。

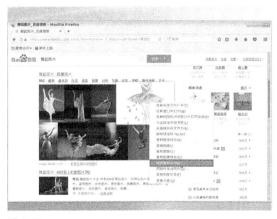

图 6-53

图 6-54

04.单击 ✦ 按钮，可查看下载进度，如图 6-55 所示。单击【显示全部下载项】按钮，可在本地查看下载的内容，如图 6-56 所示。

图 6-55

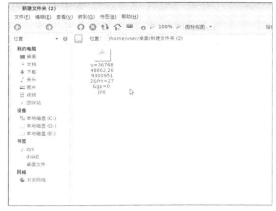

图 6-56

6.7 FTP 客户端的使用

　　文件传输协议（File Transfer Protocol，FTP）是用于在网络上进行文件传输的一套标准协议。FTP 客户端可以快速且有条理地把文件上传到远程站点或从远程站点下载文件。

　　在龙芯电脑中，默认使用 Filezilla 作为 FTP 客户端。

|案例| FTP 客户端的使用

01.单击【开始】→【互联网】→【FTP 客户端】，如图 6-57 所示，启动后的界面如图 6-58 所示。

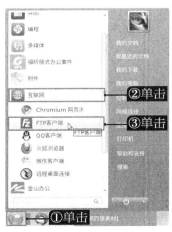

图 6-57

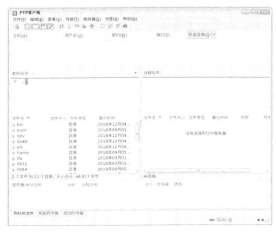

图 6-58

02. 要使用 Filezilla 来上传（下载）文件，首先需要设定 FTP 服务器地址、授权访问的用户和密码。
单击【文件】→【站点管理器】→【新站点】，输入远程站点主机地址、服务器类型、用户名和密码，
如图 6-59 所示。

03. 单击【连接】按钮，连接后的界面如图 6-60 所示。

图 6- 59

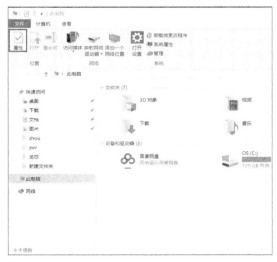

图 6-60

6.8 远程桌面登录系统

远程登录是一个 UNIX 命令，它允许授权用户进入网络中的其他 UNIX 机器，就像用户在现场
操作一样。一旦进入主机，用户可以操作主机允许的任何事情，如阅读文件，编辑文件或删除文件。

6.8.1 从龙芯电脑访问另一台 Windows 电脑桌面

1. Windows 端配置设置

Windows 系统不同，设置方法不完全一致。
本文以 Windows10 为例。

01. 单击桌面【此电脑】图标，然后单击【属性】
按钮，如图 6-61 所示。

图 6-61

02. 弹出【系统】对话框，单击【远程设置】选项，如图 6-62 所示。

03. 弹出【系统属性】对话框，在菜单栏中选择【远程】选项卡，在"远程桌面"区域选择"允许远程连接到此计算机"单选项，如图 6-63 所示。

 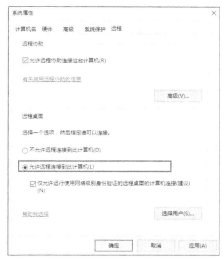

图 6-62　　　　　　　　　　　　　　　　图 6-63

04. 单击【选择用户】按钮，弹出【选择用户】对话框，添加需要远程操纵的电脑，单击【确定】按钮完成添加，如图 6-64 所示。

05. 添加完成后，弹出【远程桌面用户】对话框，可以查看当前添加到远程桌面组的用户，如图 6-65 所示。

图 6-64　　　　　　　　　　　　　　　　图 6-65

2. 龙芯端配置设置

01. 单击【开始】→【互联网】→【远程桌面连接】，如图 6-66 所示。

02. 弹出【Remmina 远程桌面客户端】对话框，在地址栏中输入地址，然后单击【连接】按钮，如图 6-67 所示。

图 6-66

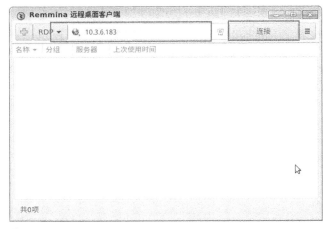

图 6-67

03. 弹出【正在连接到】对话框,在对话框中设置用户名和密码,单击【OK】按钮,如图 6-68 所示。

04. 龙芯端会弹出一个窗口,只有在窗口中选择允许才可以建立连接,选择"允许"后,输入用户名和密码,单击【确定】按钮,如图 6-69 所示。

图 6-68

图 6-69

6.8.2 从另一台 Windows 电脑访问龙芯电脑桌面

1. 龙芯端配置设置

01. 打开【附件】→【命令提示符】,
如图 6-70 所示。

图 6-70

02. 切换到 root 用户（密码默认是 loongson，如果密码不对，请向管理员咨询），如图 6-71 所示。

```
root@10-40-25-40:/root
文件(F) 编辑(E) 查看(V) 搜索(S) 终端(T) 帮助(H)
[loongson@10-40-25-40 ~]$ su - root
密码：
[root@10-40-25-40 ~]#
```

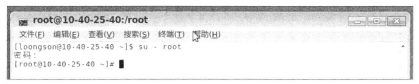

图 6-71

03. 安装软件包 xrdp tigervnc-license tigervnc-server-minimal，继续接下来的操作，如图 6-72 所示。

04. 启动 xrdp 服务。Root 用户执行 systemctl start xrdp 开启服务，如图 6-73 所示。

```
root@10-40-25-40:/root
文件(F) 编辑(E) 查看(V) 搜索(S) 终端(T) 帮助(H)
[loongson@10-40-25-40 ~]$ su - root
密码：
[root@10-40-25-40 ~]# yum install xrdp tigervnc-license tigervnc-server-minimal
Neokylin                                                    | 2.9 kB  00:00
Neokylin-extras                                             | 2.9 kB  00:00
Neokylin-online                                             | 2.9 kB  00:00
Neokylin-updates                                            | 2.9 kB  00:00
软件包 1:xrdp-0.6.1-11.nd7.2.mips64el 已安装并且是最新版本
软件包 tigervnc-license-1.3.1-11.nd7.2.noarch 已安装并且是最新版本
软件包 tigervnc-server-minimal-1.3.1-11.nd7.2.mips64el 已安装并且是最新版本
无须任何处理
[root@10-40-25-40 ~]#
```

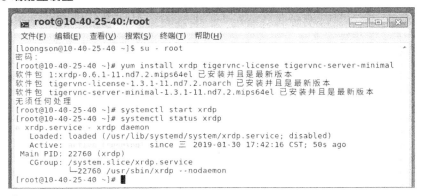

图 6-72

2.Windows 端配置设置

```
root@10-40-25-40:/root
文件(F) 编辑(E) 查看(V) 搜索(S) 终端(T) 帮助(H)
[loongson@10-40-25-40 ~]$ su - root
密码：
[root@10-40-25-40 ~]# yum install xrdp tigervnc-license tigervnc-server-minimal
软件包 1:xrdp-0.6.1-11.nd7.2.mips64el 已安装并且是最新版本
软件包 tigervnc-license-1.3.1-11.nd7.2.noarch 已安装并且是最新版本
软件包 tigervnc-server-minimal-1.3.1-11.nd7.2.mips64el 已安装并且是最新版本
无须任何处理
[root@10-40-25-40 ~]# systemctl start xrdp
[root@10-40-25-40 ~]# systemctl status xrdp
  xrdp.service - xrdp daemon
   Loaded: loaded (/usr/lib/systemd/system/xrdp.service; disabled)
   Active: active (running) since 三 2019-01-30 17:42:16 CST; 50s ago
 Main PID: 22760 (xrdp)
   CGroup: /system.slice/xrdp.service
           └─22760 /usr/sbin/xrdp --nodaemon
[root@10-40-25-40 ~]#
```

图 6-73

在 Windows 中打开远程桌面连接软件，输入要连接的中标麒麟终端机器的 IP，如图 6-74 所示，在弹出的界面中输入要访问的终端用户名和密码，效果如图 6-75 所示。

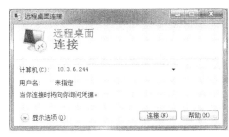

图 6-74

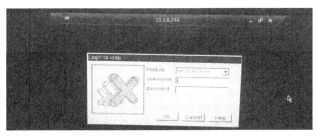

图 6-75

第 **07** 章

办公软件

龙芯桌面电脑的办公软件包含金山 WPS Office 办公软件套装、福昕版式办公套件、文档查看器、数科阅读器等，本章主要介绍各种办公软件的基础操作。

学习目标

了解龙芯电脑的办公软件

掌握办公软件的基础操作

学习重点

各种办公软件的基础操作

主要内容

使用办公软件处理文档

使用文档查看器查看文档

7.1 金山 WPS

金山 WPS Office 是由金山软件股份有限公司自主研发的一款办公软件套装，包含 WPS 文字、WPS 表格、WPS 演示 3 个功能软件，可以实现文字处理、表格制作、幻灯片制作等多种功能。

7.1.1 WPS 文字

WPS 文字处理软件提供专业的文档制作与处理功能，具有编辑、排版、格式设置、文件管理、模板管理、打印控制等功能，用户借助于 WPS 文字处理软件，能方便地完成日常办公。

1. 新建文件

01. 单击【开始】→【金山办公】→【WPS 文字】，启动 WPS 文字，如图 7-1 所示。主界面如图 7-2 所示。

图 7-1

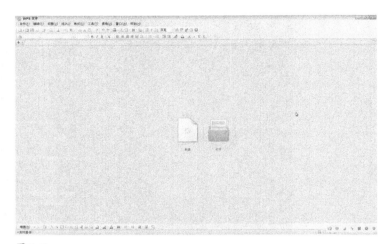

图 7-2

02. 要创建新文档，有 3 种方法。第一种是在"常用"工具栏中，单击【新建】按钮；第二种是单击【新建】按钮旁的下拉菜单按钮，在下拉菜单中单击【新建】或【从默认模板新建】按钮，如图 7-3 所示；第三种是直接在"文档标签栏"的空白位置，双击鼠标左键来创建新文档，如图 7-4 所示。

图 7-3

图 7-4

> **提示！**
> 工具栏中的按钮和选项对应相应的命令，若要显示更多按钮，可在【视图】菜单下的【工具栏】中根据需要选择工具条。

2. 打开文件

单击【文件】→【打开】选项，弹出【打开】对话框，找到所需文件，选择文件，然后单击【打开】按钮，如图 7-5 和图 7-6 所示。

图 7-5

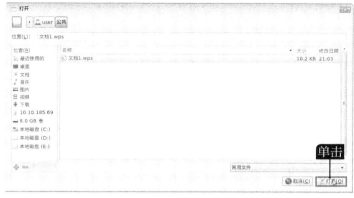

图 7-6

3. 保存文件

单击【文件】→【保存】选项，可以保存文件，若要保存到其他位置，可以单击【文件】→【另存为】选项，在【另存为】对话框中，输入文件的新名称，然后选择保存位置和保存格式，最后单击【保存】按钮，如图 7-7 和图 7-8 所示。

图 7-7

图 7-8

4. 页面设置

单击【文件】→【页面设置】选项，弹出【页面设置】对话框，在【页边距】选项卡下，设置合适的页面方向，调整合适的页边距，如图 7-9 和图 7-10 所示。

图 7-9

图 7-10

提示！

在【纸张】选项卡下，可以对纸张大小、打印项做相应的设置；在【版式】选项卡下，可以对节、页眉页脚做相应的设置；在【文档网络】选项卡下，可以对文字的排列方向、网格状态、每页的行数和行的字符数做相应的设置。

5. 插入页眉页脚

01. 单击【视图】→【页眉和页脚】选项，进入页眉页脚编辑区域，双击这个区域也可以进入编辑区域，如图 7-11 和图 7-12 所示。

图 7-11

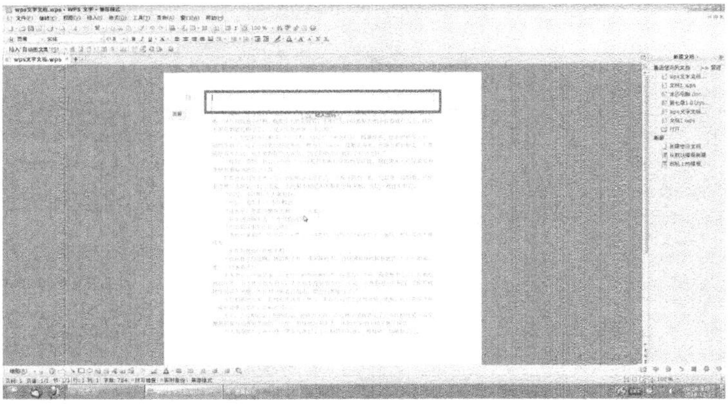

图 7-12

02. 如果需要在文档的首页添加特殊的页眉页脚，或不设置页眉页脚，可以单击【文件】→【页面设置】选项，在打开的【页面设置】对话框中，选择【版式】选项卡，勾选【首页不同】复选框，然后单击【确定】按钮，如图 7-13 所示。

03. 如果需要在奇偶页上设置不同的页眉页脚，可以单击【文件】→【页面设置】选项，在打开的【页面设置】对话框中，选择【版式】选项卡，勾选【奇偶页不同】复选框，然后单击【确定】按钮，如图 7-14 所示。

图 7-13

图 7-14

6.设置字符、段落样式

01.选中需要设置的文本内容，单击【格式】→【字体】选项，弹出【字体】对话框，选择【字体】选项卡，在【字体】选项卡下更改字体、字形和字号等，如图 7-15 和图 7-16 所示。

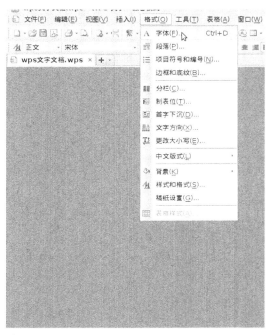

图 7-15

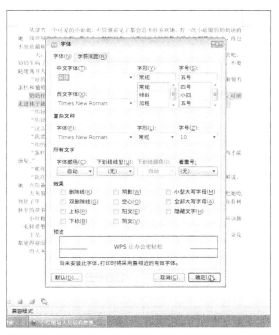

图 7-16

02.选中需要设置的段落，单击【格式】→【段落】选项，弹出【段落】对话框，在【缩进和间距】选项卡下，更改段落的对齐方式、缩进、段前和段后间距及行距等样式，如图 7-17 和图 7-18 所示。

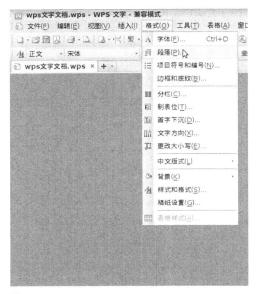

图 7-17

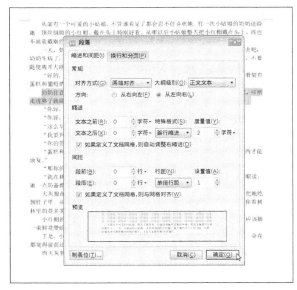

图 7-18

7. 设置边框和底纹

01. 选中需要设置的文本或段落，单击【格式】→【边框和底纹】选项，弹出【边框和底纹】对话框，在【边框】选项卡下，更改线型、颜色等样式，在【应用于】列表中，选择应用于"段落"，如图 7-19 和图 7-20 所示。

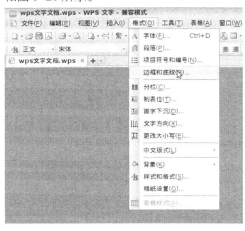

图 7-19

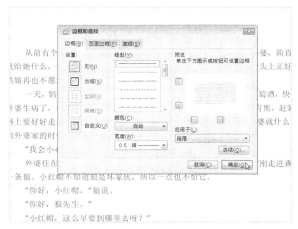

图 7-20

02. 选中需要设置的文本或段落，单击【格式】→【边框和底纹】选项，弹出【边框和底纹】对话框，在【底纹】选项卡下，更改填充颜色、图案等样式，在【应用于】列表中，选择应用于"段落"，如图 7-21 所示。

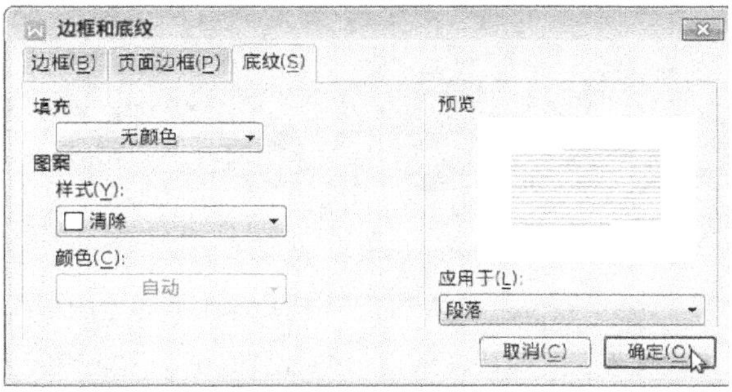

图 7-21

7.1.2 WPS 表格

　　WPS 表格可以用于处理数据、统计分析和辅助决策，可以生成精美直观的表格、图表，提高企业员工的工作效率。它广泛应用于管理、财经、金融等众多领域，因此 WPS 表格的学习极其重要。

1. 新建、打开、保存文件

01. 单击【开始】→【金山办公】→【WPS 表格】，启动 WPS 表格，如图 7-22 所示。主界面如图 7-23 所示。

图 7-22　　　　　　　　　　　　图 7-23

02.WPS 文字、WPS 表格和 WPS 演示的新建、打开和保存文件的操作是相似的，具体操作步骤可以参见 7.1.1 小节。

2. 创建公式

01. 单击要输入公式的单元格，再单击【插入】→【函数】选项，弹出【插入函数】对话框，在【或选择类别】下拉列表中选择"常用函数"，在【选择函数】窗口中选择"SUM"求和函数，如图 7-24 和图 7-25 所示。

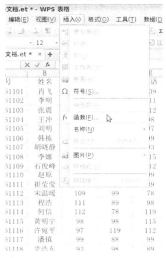

图 7-24　　　　　　　　　　　　图 7-25

02. 单击【确定】按钮，弹出【函数参数】对话框，在【数值1】框中输入"C2:H2"（求和的数值范围），如图 7-26 所示。

03. 单击【确定】按钮，将鼠标指针移到"I2"单元格的右下角，这时鼠标指针变为"+"，双击鼠标左键，即可完成此列的数据计算，如图 7-27 所示。

图 7-26

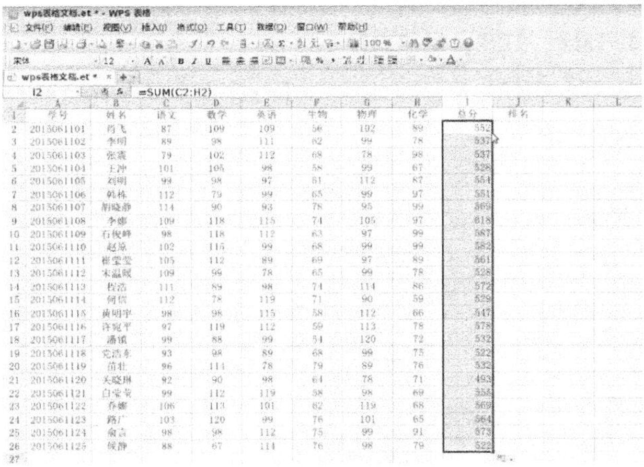

图 7-27

04. 单击"J2"单元格，再单击【插入】→【函数】选项，弹出【插入函数】对话框，在【或选择类别】下拉列表中选择"全部"，在【选择函数】窗口中选择"RANK"排名函数（求某一个数值在某一区域内的排名），如图 7-28 和图 7-29 所示。

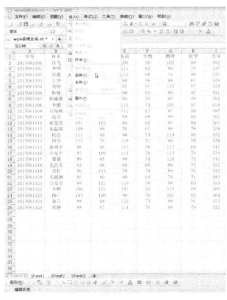

图 7-28

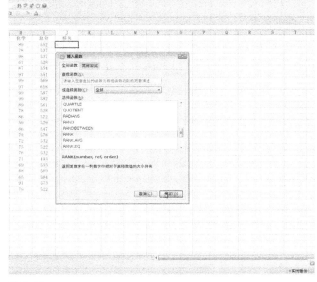

图 7-29

05. 单击【确定】按钮，弹出【函数参数】对话框，在【数值】框中输入"I2"，在【引用】框中输入"$I$2:$I$26"（排序区间）。其中，"$"符号是对单元格的引用，有锁定排序区间的作用，在使用"RANK"函数时要锁定排序区间，如图 7-30 所示。

06. 单击【确定】按钮，将鼠标指针移到"J2"单元格的右下角，这时鼠标指针变为"+"，双击鼠标左键，即可完成此列的数据计算，如图 7-31 所示。

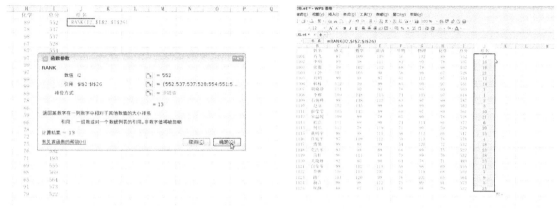

图 7-30　　　　　　　　　　　　　　　　　　　　图 7-31

3. 设置单元格的边框和底纹

01. 选中要设置边框的单元格，单击鼠标右键，在弹出的快捷菜单中单击【设置单元格格式】命令，在弹出的【单元格格式】对话框中选择【边框】选项卡，在【边框】选项卡下，设置单元格的边框及边框线条的样式和颜色，如图 7-32 和图 7-33 所示。

图 7-32　　　　　　　　　　　　　　　　　　　　图 7-33

02. 选中要设置底纹的单元格，单击鼠标右键，在弹出的快捷菜单中单击【设置单元格格式】命令，在【单元格格式】对话框中选择【图案】选项卡，在【图案】选项卡下，设置无图案的单色填充或选择带图案的底纹填充，如图 7-34 和图 7-35 所示。

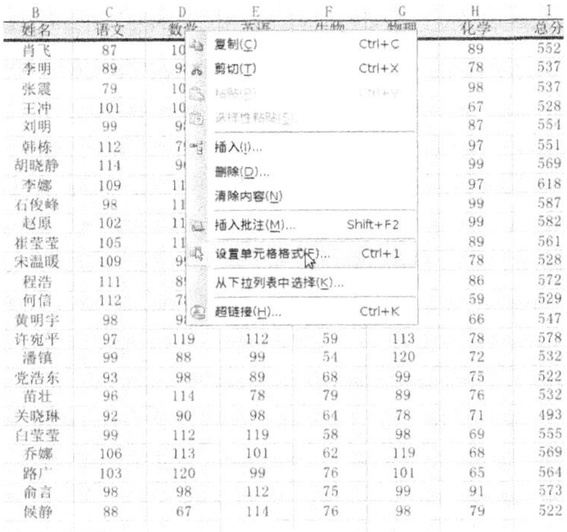

图 7-34　　　　　　　　　　　　　图 7-35

4. 对数据进行排序处理

01. 选中"A1:J26"单元格区域，单击【数据】→【排序】选项，弹出【排序】对话框，在【主要关键字】框中的下拉列表中选择"排名"，【次序】选择"升序"，如图 7-36 和图 7-37 所示。

图 7-36 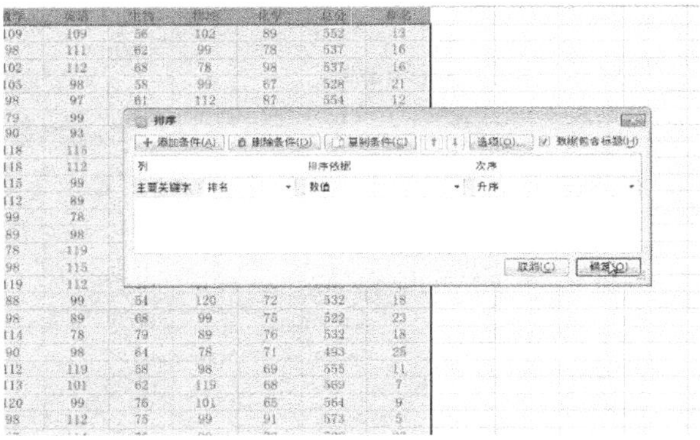　　　　　　　　　　　　　图 7-37

02. 单击【确定】按钮，完成对数据的排序，如图 7-38 所示。

提示！

在使用排序功能时，选择的区域内一定要包含排序所使用的关键字。

图 7-38

5. 插入图表

01. 选中"B1:C26"单元格区域，单击【插入】→【图表】选项，弹出【插入图表】对话框，用户可以根据对数据处理的需求不同，选择不同的图表，这里选择柱形图中的"簇状柱形图"，如图 7-39 和图 7-40 所示。

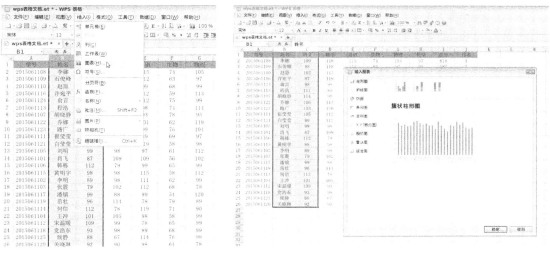

图 7-39　　　　　　　　　　　　　　　　　　图 7-40

02. 单击【确定】按钮，生成图表，单击鼠标右键，在弹出的快捷菜单中单击【设置图表区域格式】命令，在窗口右侧出现的【属性】面板中，可以更改"图表区""绘图区"的填充颜色、透明度和线条等样式，如图 7-41 和图 7-42 所示。

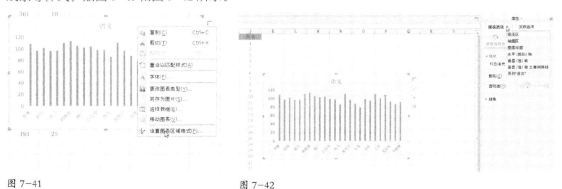

图 7-41　　　　　　　　　　　　　　　　　　图 7-42

7.1.3 WPS 演示

　　WPS 演示是一款用来表达文本和图像信息的软件，常用于制作视频、音频、图片等结合的课件，同时，WPS 演示是一款功能强大的办公软件。

1. 新建、打开、保存文件

01. 单击【开始】→【金山办公】→【WPS 演示】，启动 WPS 演示，如图 7-43 所示。主界面如图 7-44 所示。

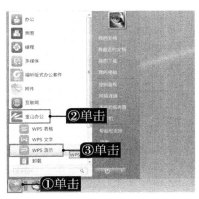

图 7-43

图 7-44

02.WPS 文字、WPS 表格和 WPS 演示的新建、打开和保存文件的操作是相似的，具体操作步骤可以参见 7.1.1 小节。

2. 插入新幻灯片

01. 选择【幻灯片】选项卡下的一张幻灯片，然后按【Enter】键，或单击鼠标右键，在弹出的快捷菜单中单击【新建幻灯片】命令，即可创建一张新的幻灯片，如图 7-45 所示。

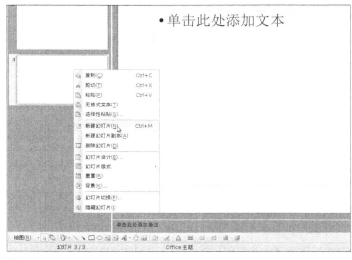

图 7-45

02. 在【幻灯片版式】任务窗格中，单击【幻灯片设计 - 设计模板】按钮，选择所需的设计模板。单击【幻灯片版式】按钮，在下拉列表中选择所需版式，如标题幻灯片、节标题、标题和内容等版式，如图 7-46 所示。

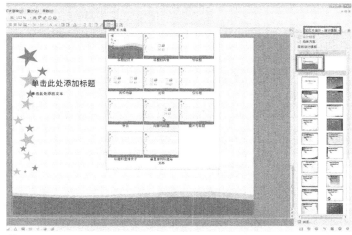

图 7-46

3. 设置文字和段落格式

01. 单击【格式】→【对齐方式】选项，在下拉菜单中选择字体的对齐方式，如图 7-47 所示。

02. 选中要更改字体的文本，单击【格式】→【字体】选项，弹出【字体】对话框，在【字体】选项卡下，可以更改字体的类型、大小、下划线以及字体颜色等样式，如图 7-48 所示。

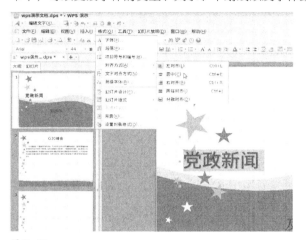

图 7-47

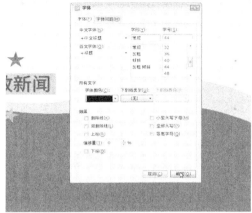

图 7-48

03. 选中要更改格式的段落，单击【格式】→【段落】选项，弹出【段落】对话框，在【缩进和间距】选项卡下，可以设置段落的对齐方式、缩进、间距等样式，如图 7-49 所示。

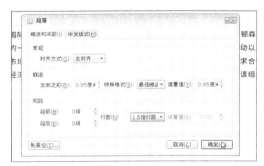

图 7-49

4. 自定义动画和幻灯片放映

01. 选中"G20"文本框，单击【幻灯片放映】→【自定义动画】选项，右侧会出现【自定义动画】窗口，在【添加效果】下拉菜单中选择需要设置的动画效果，如图 7-50 和图 7-51 所示。

图 7-50

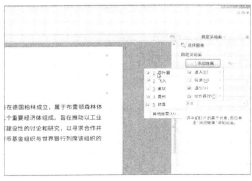

图 7-51

02. 单击【幻灯片放映】→【设置放映
方式】选项，弹出【设置放映方式】
对话框，设置幻灯片的放映方式，然
后单击【确定】按钮，按【F5】键可
以观看放映，按【Esc】键退出放映，
如图 7-52 所示。

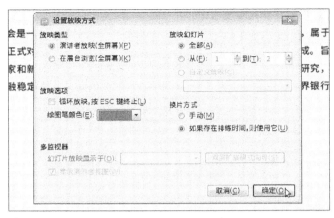

图 7-52

7.2 文档查看器

　　文档查看器可查阅多种不同格式（如 PDF 和 PostScript 等）的文档，可快速且直观地浏览存储在龙芯电脑上的文档，具有页面缩放、页面旋转、查找文本和打印文档等功能。

|案例| 如何查看 PDF 文件

01. 单击【开始】→【办公】→【文档查看器】，启动文档查看器，如图 7-53 所示。主界面如图 7-54
所示。

图 7-53

图 7-54

02. 单击【文件】→【打开】选项，弹出【打开文档】对话框，选择要打开的 PDF 文件，然后单击【打
开】按钮，即可打开 PDF 文件，如图 7-55 和图 7-56 所示。

图 7-55

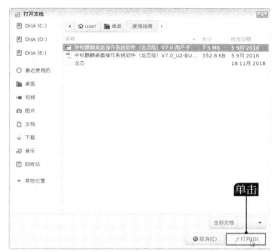

图 7-56

03. 单击【编辑】→【工具栏】选项，弹出【工具栏编辑器】对话框，选中所需的工具图标，按住鼠标左键不放，将其拖到工具栏中，如图 7-57、图 7-58 和图 7-59 所示。

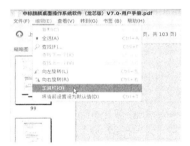

图 7-57

图 7-58

图 7-59

04. 单击【查看】→【连续】选项，可以进入"连续"阅读模式，单击【查看】→【双页】选项，页面会呈双页排列显示，如图 7-60 所示。

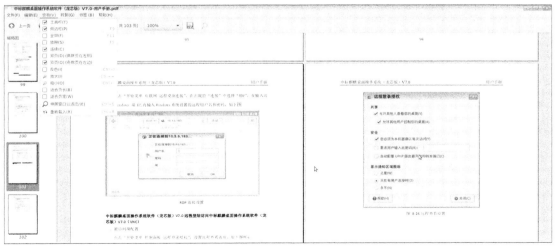

图 7-60

05. 按住【Ctrl】键并滑动鼠标滚轮，可以使页面放大或缩小，如图 7-61 和图 7-62 所示。

图 7-61

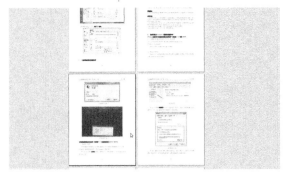

图 7-62

7.3 数科阅读器

　　数科阅读器是一款版式文档阅读和处理的专业软件，其核心功能是对 OFD/PDF 等格式的文档进行阅读和加工处理。版式文档是版面呈现效果固定的电子文档，可以在多种设备（如手机、电脑、iPad 等）上打开，且版面的效果不会改变。目前，版式电子文档的应用范围日益广泛，无论是电子商务、电子公务，还是信息发布、文件交换及档案管理等，都需要版式文档的技术支持。

1. 阅读功能

01. 单击【开始】→【数科 OFD】→【数科阅读器】，启动数科阅读器，如图 7-63 所示。单击【文件】→【打开】选项，弹出【打开】对话框，选择要打开的文件，然后单击【打开】按钮，即可打开文件，如图 7-64 所示。

图 7-63

图 7-64

02. 单击【文档】选项卡，在【文档】选项卡下，分别单击【首页】【上一页】【下一页】【末页】这几个选项，可以跳转到相应的页面。单击【跳至页面】选项，会弹出【跳转页面】对话框，在该对话框中，选择页码，单击【确定】按钮，即可跳转到指定页面，如图 7-65 和图 7-66 所示。

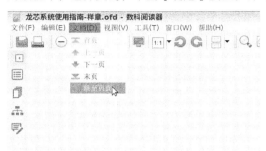

图 7-65

图 7-66

03. 单击【视图】→【缩放模式】选项，在【缩放模式】列表中，单击【适合宽度】选项，页面会按照窗口的宽度成比例地缩放到和窗口的宽度相同，如图 7-67 所示。

图 7-67

2. 查找功能

01. 单击【编辑】选项卡，在【编辑】选项卡下选择【全选该页】或【全选】选项，可以确定文本选择范围。接着单击【编辑】→【查找】选项，弹出【查找】窗口，在【查找文本】框中，输入要查找的文本内容，单击【查找下一项】按钮，会跳转到要查找的文本的位置，如图 7-68 和图 7-69 所示。

图 7-68

图 7-69

02.确定好文本选择范围后，单击【编辑】→【搜索】选项，右侧会出现【搜索文本】面板，在【搜索内容】框中，输入要搜索的文本，单击【搜索】按钮，在【匹配项】窗口中，会出现所匹配的文本段落，如图 7-70 和图 7-71 所示。

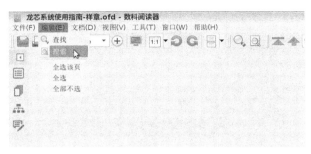

图 7-70

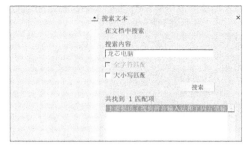

图 7-71

7.4 福昕版式办公套件

福昕版式套件是一款版式文档的专业阅读软件，可以在国产化 Linux 操作系统中运行，能实现对国家版式标准 OFD 格式的文档的打开、保存和阅读等功能。

1. 启动软件

单击【开始】→【福昕版式办公套件】→【FoxitOfficeSuite】，启动该软件，如图 7-72 所示。主界面如图 7-73 所示。

图 7-72

图 7-73

2. 打开、保存、另存文件

01.单击【文件】→【打开】选项，或单击基本工具栏中的【打开】按钮 ，在【打开一个文件】对话框中选择要打开的文件，单击【打开】按钮，如图 7-74 和图 7-75 所示。OFD 文件通常以 "ofd" 作为扩展名，PDF 文件通常以 "pdf" 作为扩展名。

图 7-74　　　　　　　　　　图 7-75

02. 单击【文件】→【保存】选项，可以保存文件，如图 7-76 所示。

03. 单击【文件】→【另存为】选项，弹出【另存为】对话框，在【文件名称】框中设置文件名称，在【文件类型】下拉菜单中选择文件格式，然后单击【保存】按钮，如图 7-77 所示。

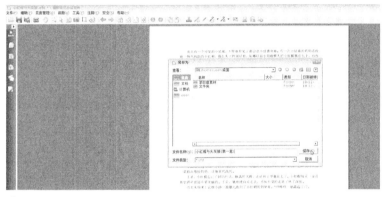

图 7-76　　　　　　　　　　图 7-77

3. 阅读文档

01. 用户可以通过鼠标滚轮或利用键盘的向上和向下方向键来浏览文档。

02. 单击【视图】→【转到】→【上一页】或【下一页】选项，可以进行前后翻页操作。

03. 单击【视图】→【转到】→【首页】或【末页】选项，会跳至文档首页或末页。

04. 单击【视图】→【转到】→【跳至页面】选项，在页码框中输入相应的页码，可以跳转至指定页面，如图 7-78 所示。

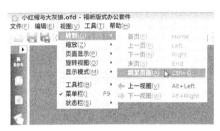

图 7-78

第**08**章

光盘刻录

光盘刻录指的是将数据（如文档、照片、音乐、视频等）写入光盘，而不对这些数据做任何改动。此外，用户还可以将光盘镜像刻录到 CD 或 DVD 上。本章主要介绍光盘刻录的操作方法。

学习目标

学习并掌握将数据写入光盘的方法

主要内容

写入数据文件

刻录镜像

8.1 写入数据文件

为了支持光盘刻录，龙芯电脑需要连接光盘刻录机。本书写作时使用的光盘刻录机的型号是"SONY DVD RW DRU-840A"，如图 8-1 所示。

图 8-1

创建一个新的数据项目，并将数据文件（如文档）写入到 CD 或 DVD 上，这在计算机间传输文件时非常有用。

01.单击【开始】→【附件】→【光盘刻录器】，启动光盘刻录器，如图 8-2 所示。主界面如图 8-3 所示。

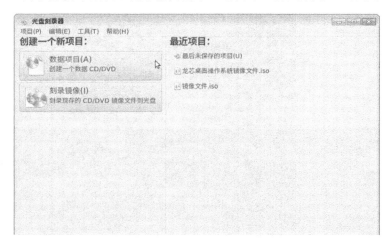

图 8-2   图 8-3

02.单击【数据项目】按钮，进入【新建数据光盘项目】界面，单击工具栏的【添加】按钮 ，弹出【选择文件】对话框，选择要刻录的数据文件，然后单击【添加】按钮。如果要删除已添加的文件，可以单击工具栏上的【移除】按钮 ，如图 8-4 和图 8-5 所示。

03.单击【刻录】按钮，弹出如图 8-6 所示的对话框。再次单击【刻录】按钮，弹出【正在刻录 CD】对话框，等待刻录完成，如图 8-7 所示。

图 8-4

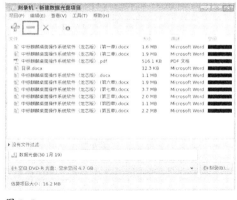

图 8-5

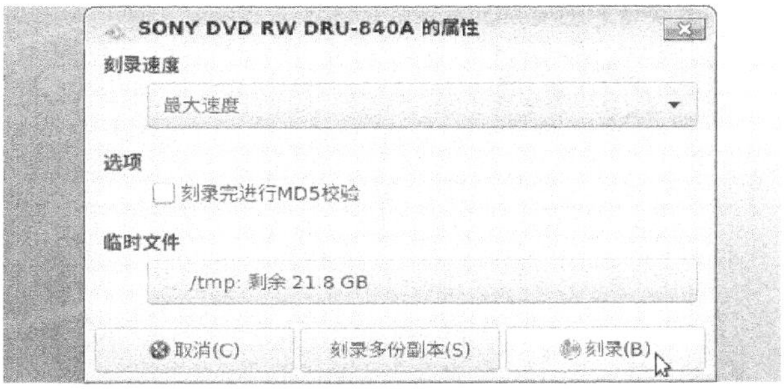

图 8-6

图 8-7

8.2　刻录镜像

光盘镜像是包含了一张 CD 或 DVD 上所有数据的档案文件，一般扩展名为【.iso 】【.toc 】【.cue 】等。光盘刻录器可以将光盘镜像刻录到 CD 或 DVD 上。

01. 单击图 8-3 中的【刻录镜像】按钮，弹出如图 8-8 所示的【镜像刻录设置】对话框。

02. 单击【点此选择光盘镜像】按钮，选择要写入的光盘镜像，从【请选择要写入的光盘】下方的下拉菜单中选择要使用的光盘，如图 8-9 所示。

03. 单击【刻录】按钮，弹出【正在刻录 CD 】对话框，等待完成刻录，如图 8-10 所示。

图 8-8

图 8-9

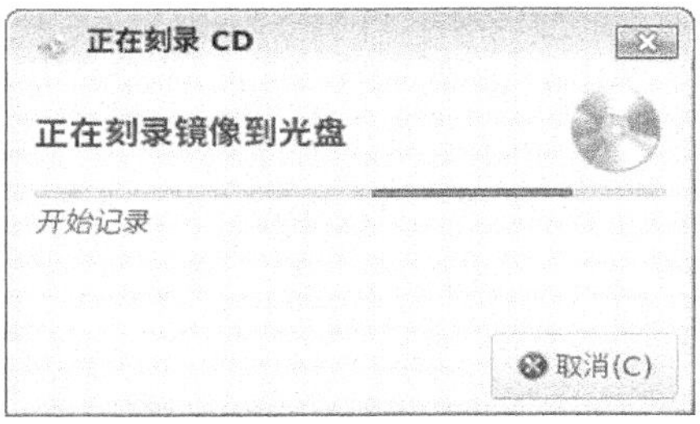

图 8-10

第**09**章

打印和扫描

打印通常指的是把电脑或其他电子设备中的文字或图片等可见数据,通过打印机输出在纸张等记录物上,本章主要介绍金山办公软件和文档查看器以及数科阅读器的打印功能。

学习目标

学习并掌握打印文档的方法

学会使用扫描易

学习重点

重点学习打印时各种属性和参数的设置

主要内容

介绍办公软件的打印功能

介绍扫描仪的使用

9.1 连接打印机

为了支持打印,龙芯电脑需要连接一款打印机,打印机一般通过 USB 数据线连接到龙芯电脑。本书举例使用的打印机是"HP LaserJet 1020",连接效果如图 9-1 所示。

图 9-1

|案例| 使用"打印设置"进行配置,手动选择打印机型号

01. 打开控制面板,选择打印机,进入打印机的设置界面,界面如图 9-2 所示。

02. 在打印机的设置界面中,单击【添加】按钮,添加新的打印机,如图 9-3 所示。

图 9-2

图 9-3

03. 弹出【新打印机】对话框,在设备中找到连接好的打印机型号,然后选择"USB"连接,单击【前进】按钮,如图 9-4 所示。

04. 弹出【正在搜索】对话框,电脑需要一段时间来搜索匹配的驱动程序,如图 9-5 所示。

图 9-4

图 9-5

05. 搜索完成后，提示可以为打印机添加名称和描述，如果不需要更改，单击【应用】按钮，如图9-6所示。

06. 成功安装驱动程序后，会在窗口中显示与打印机对应的驱动，并弹出一个对话框，询问是否打印一张测试页，这说明打印机驱动与打印机型号匹配成功，如图9-7所示。

图 9-6

图 9-7

|案例| **手动修改驱动**

01. 驱动程序安装完成后，如果电脑显示的打印机驱动与打印机型号不匹配，则需要手动修改打印机驱动。在打印设置中，使用鼠标右键单击驱动，然后单击【属性】命令，打开【打印机属性】窗口，如图9-8所示。

图 9-8

02. 在打印机属性窗口中，单击【生产和型号】后面对应的【更改中】按钮，更改驱动，如图9-9所示。

03. 电脑开始搜索新的驱动程序，如图9-10所示。

图 9-9

图 9-10

04.搜索完成后，弹出【改变驱动】对话框，选择打印机的品牌名，然后单击【前进】按钮，如图 9-11 所示。

05.继续选择打印机的具体型号和要安装的驱动程序，单击【前进】按钮，完成安装，如图 9-12 所示。

图 9-11

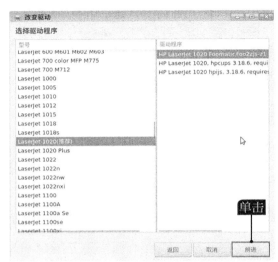

图 9-12

06.安装成功后，在打印设置中可以看到与打印机相匹配的正确的驱动程序，证明手动更改驱动成功，如图 9-13 所示。

图 9-13

　　本节介绍了常用打印机在龙芯电脑上的安装方法。由于市面上打印机的型号非常多，有一些打印机目前没有对龙芯电脑提供驱动程序，或驱动程序没有内置到龙芯电脑的操作系统中，因此无法做到即插即用。对于这类情况，龙芯电脑提供了其他渠道的支持，参见表 9-1。

表 9-1 打印机的驱动适配

序号	类型	适配方式	典型打印机
1	系统已经内置驱动程序	（1）龙芯电脑连接 USB 打印机，系统能够自动识别。 （2）如果系统没有自动识别，则使用系统的"打印设置"进行配置，手工选择打印机型号	Loongnxi 已经内置 HP Laserjet 1020 的驱动程序，即插即用
2	龙芯社区提供驱动程序	登录龙芯社区网站搜索型号并且下载驱动程序	奔图系列打印机
3	openprinting 社区提供驱动程序	openprinting 社区网站汇集了几乎所有能够找到的打印机开源驱动程序	PICOH MP 5054sp 网络打印机（黑白） PICOH MP C2003sp 网络打印机（彩色） PICOH MP 2554sp 网络打印机（黑白） PICOH MP 2501sp 网络打印机（黑白）
4	foo2zjs 社区提供驱动程序	大量 HP 打印机使用的自定义协议是 zjs、xqx 等。Foo2zjs 是开源爱好者开发的一套驱动程序，大约测试过 30 款 HP 打印机	HP LaserJet 1080P HP LaserJet M1213nf MFP
5	Hplip 提供驱动程序	Hplip 是惠普公司官方发布的一套驱动程序集合。对于部分打印机型号，Hplip 和 foo2zjs 能够支持。但是 Hplip 没有开放全部源代码，有些驱动只有 X86 二进制	HP LaserJet P3015
6	使用通用打印协议	有些打印机使用了工业标准（PCL、PDF、PS），可以直接使用系统自带的"Generic-Postscript""Generic-PCL5"	HP LaserJet 400 M401dn 使用 Postscript TOSHIBA E-STUDIO257 使用 PCL5
7	无法适配	Canon 的 CAPT 私用协议	Canon LBP7200C 联想 Lenovo M7605D（即 Brother 2300） 联想 Lenovo LJ2605D

9.2 金山办公软件的打印功能

在办公时，我们经常需要用办公软件制作表格与文档，记录生产数据和资料，有时还需要将文件打印出来。

|案例| 如何打印 WPS 文字的文档

01. 打开需要打印的 WPS 文件，如图 9-14 所示。

02. 单击【文件】→【打印】选项，弹出【打印】对话框，如图 9-15 和图 9-16 所示。

图 9-14   图 9-15   图 9-16

03. 如果勾选【手动双面打印】复选框，打印时会先打印出奇数页，打印完成后，手动将纸翻面，再单击【确定】按钮，会继续打印偶数页。如果勾选【反片打印】复选框，打印时需要专用的纸张和打印机支持，可以打印出以"镜像"效果显示的文字。这里以勾选【手动双面打印】为例，如图 9-17 所示。

04. 设置【并打顺序】为"从左到右"，【每页的版数】为"4 版"，【按纸型缩放】为"A4"，然后单击【确定】按钮完成打印，如图 9-18 所示。在使用"并打和缩放"功能时，需要取消勾选【手动双面打印】复选框，因为当勾选【手动双面打印】复选框时，"并打和缩放"功能不可用。

图 9-17   图 9-18

05. 其他的设置可以参考 9.4.2 小节。

　　WPS 表格和 WPS 演示与 WPS 文字的打印操作是相同的，三者的打印设置属性也相同。

9.3　文档查看器和数科阅读器打印

　　文档查看器支持打开 PDF 文档、DVI 文档、Comic Book 文档和 Postscript 文档等。数科阅读器支持打开 OFD 文档、PDF 文档以及 SFD 文档，这里以打印 PDF 文档和 OFD 文档为例。

9.3.1 打印 PDF 格式的文档

01. 使用文档查看器打开一个 PDF 格式的文档，如图 9-19 所示。

02. 单击【文件】→【打印】选项，弹出【打印】对话框，如图 9-20 所示。

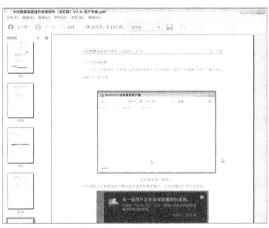

图 9-19

图 9-20

03. 单击【打印】按钮，完成打印。

9.3.2 打印 OFD 格式的文档

01. 使用数科阅读器打开一个 OFD 格式的文档，如图 9-21 所示。

02. 单击【文件】→【打印】选项，弹出【打印】对话框，如图 9-22 所示。

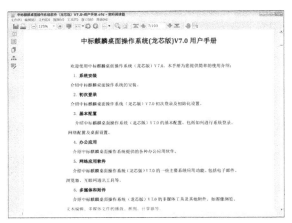

图 9-21

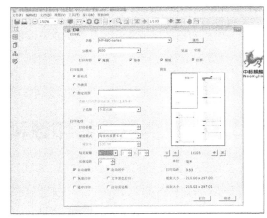

图 9-22

03. 缩放模式指的是将当前文档以比实际设置的纸张更小的纸型进行打印，以设置缩放模式为"每张纸放置多页"、每页版数为"4"、缩放率为"93%"为例，如图 9-23 所示。

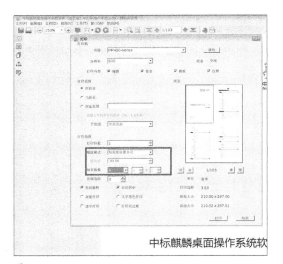

图 9-23

04. 如果勾选【灰度打印】复选框，则可将全部输出内容按照灰阶的颜色输出；勾选【文字黑色打印】复选框，则可将彩色文字打印为黑色文字。单击【打印】按钮即可完成打印，如图 9-24 所示。

05. 其他设置参考 9.4.2 小节。

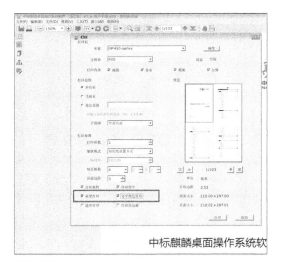

图 9-24

9.4 扫描易

扫描易是一款可以用来影印文件并以电子邮件的形式发送扫描图像的图像扫描软件。给电脑连接扫描仪后，可以将图片、照片以及文稿资料等书面材料扫描后输入到电脑中，形成文件保存起来或打印出来。

9.4.1 扫描图像

为了支持扫描，龙芯电脑需要连接一台扫描仪，本书在写作时使用的扫描仪是"Uniscan Q226X"，扫描后的图像可以保存为图片或 PDF 文档。扫描仪与龙芯电脑的连接如图 9-25 所示。

图 9-25

1. 启动扫描易

单击【开始】→【附件】→【扫描易】，启动扫描易，如图 9-26 所示。主界面如图 9-27 所示。

图 9-26

图 9-27

2. 设置输出设置

单击左上角的【扫描仪】按钮 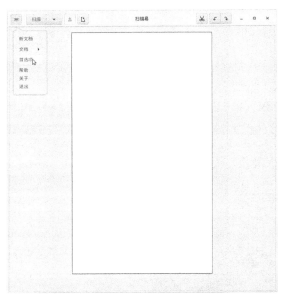，在下拉菜单中选择【首选项】选项，弹出【首选项】对话框，设置扫描文字和图像的分辨率、扫描页面、对比度等参数，如图 9-28 和图 9-29 所示。

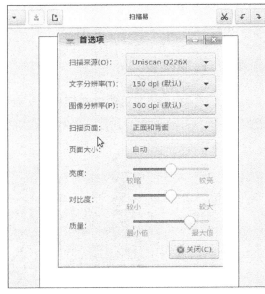

图 9-28

图 9-29

3. 开始扫描

01. 单击【扫描】右侧的下拉箭头 ▼，在下拉列表中选择【文本】或【照片】选项。选择【文本】选项，则扫描出来的是黑白效果，选择【照片】选项，则扫描出来的是照片效果。此处选择【文本】选项，然后单击【扫描】按钮，如图 9-30 和图 9-31 所示。

图 9-30

图 9-31

02.扫描完成后，可以对页面进行简单的旋转和裁剪操作。分别单击【左旋页面】按钮 ↶ 和【右旋页面】按钮 ↷，可以使页面顺时针和逆时针旋转，如图 9-32 所示。单击【裁剪】按钮✂，可以对页面进行裁剪，高亮处为裁剪后的区域，如图 9-33 所示。

图 9-32

图 9-33

4. 保存

01.扫描的图像可以保存成 3 种格式，分别为".jpeg"".pdf"".png"。单击【扫描仪】▆▆→【文档】→【保存为】选项，弹出【保存为】对话框，单击选择文件类型左边的【折叠三角】图标▸，在展开的列表中，选择文件类型，然后选择文件保存位置，在名称的文本框中为文件命名，然后单击【保存】按钮，如图 9-34 和图 9-35 所示。

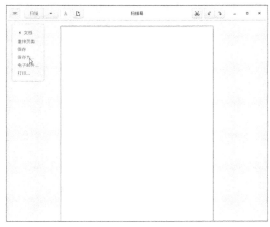

图 9-34

图 9-35

02.保存成功后，如果再次发生修改，只需要单击【扫描仪】▆▆→【文档】→【保存】选项即可保存，也可以单击【将文档保存为文件】按钮⤓来保存扫描文件。

9.4.2 打印扫描完成的图像

扫描易具有打印功能，可以将扫描的图像打印出来。如果电脑连接了打印机，直接使用打印机打印即可；如果电脑没有连接打印机或打印机不能工作，可以将文件传送到另一台连接了打印机的电脑，万一另一台电脑没有安装可用于打开文档的软件，可以将扫描的图像打印到文件，输出为另一种格式，再打印出来。

1. 直接使用打印机打印

01. 单击【扫描仪】 ▰▰▰ →【文档】→【打印】选项，弹出【打印】对话框，在【常规】选项卡下，选择要使用的打印机，如图 9-36 所示。

图 9-36

02. 在【页面设置】选项卡下，可以设置页面的布局（如每页页数、缩放比例等），还可以设置纸张类型、纸张来源等，一般选择默认设置即可，如图 9-37 所示。

03. 在【图像质量】选项卡下，可以设置图像打印的分辨率，如图 9-38 所示。

图 9-37

图 9-38

04. 选择打印页面范围，单击【所有页面】单选钮，则会打印所有页面；选择【当前页】单选钮，则只打印当前页面；选择【页面】单选钮，则可以在文本框中输入要打印的页码，用逗号隔开，如图 9-39 所示。

05. "副本"指的是打印多份相同的文档，以打印两份为例，勾选【逐份】复选框，则文档从第一页到最后一页打印一份后，会再重新打印一份。取消勾选【逐份】复选框，则第 1 页打印两份，第 2 页打印两份，第 3 页打印两份……直到打印完毕。勾选【逆序】复选框，则文档会从最后一页开始打印，如图 9-40 所示。

图 9-39

图 9-40

06. 单击【打印】按钮，即可完成对文档的打印。

2. 打印到文件

01. 选择【打印到文件】选项，可以将扫描的图像输出为 ".pdf"".ps"".svg" 格式的文件，以输出 ".pdf" 格式为例，如图 9-41 所示。

02. 单击【打印】按钮，即可完成文件的打印，如图 9-42 所示。

图 9-41

图 9-42

第 **10** 章

多媒体应用软件

随着电脑科学技术和多媒体应用的发展，我们每天都需要使用与工作和生活相关的多媒体工具，为了满足用户的使用需求，龙芯电脑提供了多种多媒体应用软件。本章主要介绍图像查看器、图像处理软件、音频播放、视频播放和录音机等多媒体应用软件的基本操作。

学习目标

了解龙芯桌面电脑的多媒体应用

了解龙芯多媒体应用软件与 Windows 多媒体

应用软件的区别

学习重点

快速上手龙芯多媒体应用软件

主要内容

图像查看器

图像处理软件

音频播放器

视频播放器

录音机

摄像头

游戏

10.1 图像查看器

图像查看器是一款可以查看和调整图像文件的多媒体应用软件。

10.1.1 打开图像查看器

单击【开始】→【多媒体】→【图像查看器】，启动图像查看器，图像查看器可以用于查看并调整图像文件，如图 10-1 和图 10-2 所示。

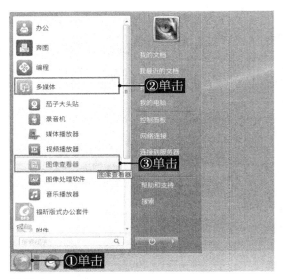

图 10-1

图 10-2

单击【图像】→【打开】选项，可以打开图像文件，如图 10-3 和图 10-4 所示。选中要打开的图像文件，单击鼠标右键，再单击【打开方式】→【图像查看器】命令，也可以打开图像文件，如图 10-5 和图 10-6 所示。

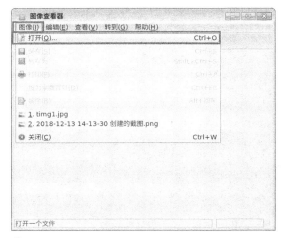

图 10-3

图 10-4

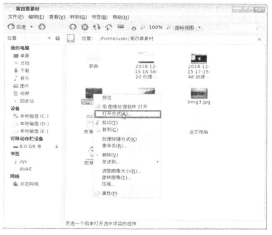

图 10-5

图 10-6

10.1.2 旋转和缩放图像

用户在浏览图片时经常发生角度不方便浏览等问题，用户可以在图像查看器中对图片的角度进行简单修改。图像查看器提供了 2 种基本操作，分别是旋转和缩放。

1. 旋转

单击【编辑】选项卡，在该选项卡下，有 4 种旋转操作，分别是水平翻转、垂直翻转、顺时针旋转、逆时针旋转，如图 10-7 所示。

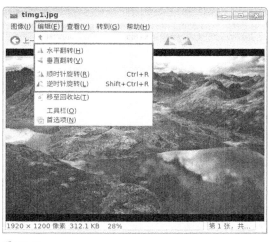

图 10-7

【水平翻转】：图像从左向右或从右向左 180 度翻转。

【垂直翻转】：图像从上向下或从下向上 180 度翻转。

【顺时针旋转】：图像顺时针旋转 90 度。

【逆时针旋转】：图像逆时针旋转 90 度。

案例 如何对图像进行水平翻转

01. 单击【图像】→【打开】选项，打开图像文件，如图 10-8 和图 10-9 所示。

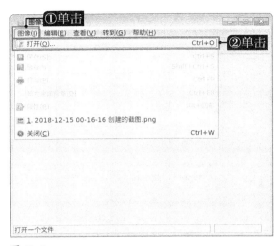

图 10-8

图 10-9

02. 单击【编辑】→【水平翻转】选项，将图片水平翻转，如图 10-10 和图 10-11 所示。

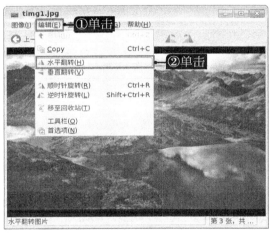

图 10-10

图 10-11

提示！

为了方便用户操作，可以打开工具栏。在工具栏中，可以切换、缩放和旋转图片等。单击【查看】选项卡，然后勾选【工具栏】复选框，可以启动工具栏，如图 10-12 和图 10-13 所示。需要注意的是，工具栏中的旋转只有顺时针旋转和逆时针旋转。

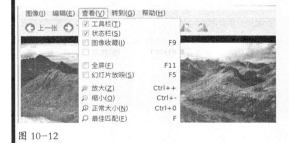

图 10-12

图 10-13

2．缩放

单击【查看】选项卡，在该选项卡下有 4 种缩放操作，分别是放大、缩小、正常大小和最佳匹配，如图 10-14 所示。

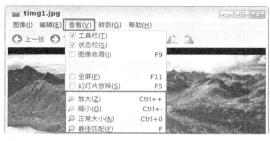

图 10-14

【放大】：放大图像，单击一次图像会放大 100%。

【缩小】：缩小图像，单击一次图像会缩小 17%。

【正常大小】：恢复图像原始尺寸。

【最佳匹配】：使图像尺寸与窗口大小匹配。

> **提示！**
> 图像最小可以缩小到 2%，最大可以放大到 2000%。图像放大到一定程度，会出现栅格化的情况。

10.1.3　查看图像文件属性

单击【图像】→【属性】选项，弹出【图像属性】对话框，此时可以查看图像文件的一些常规属性，如名称、宽度、类型等。单击【上一张】或【下一张】按钮，可以查看其他图像文件的属性，如图 10-15 和图 10-16 所示。

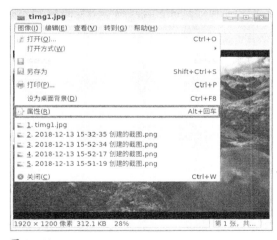

图 10-15

图 10-16

> **提示！**
> 为了方便用户查看图像文件的属性，可以打开界面的状态栏。单击【查看】选项卡，勾选【状态栏】复选框，可以启动状态栏，如图 10-17 所示。

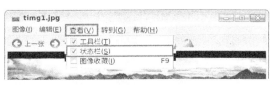

图 10-17

10.2 图像处理软件

图像处理软件几乎包含所有图像处理所需的功能，如绘图、设置画布和添加滤镜等。

10.2.1 打开图像

单击【开始】→【多媒体】→【图像处理软件】，启动图像处理软件，图像处理软件具有绘图、设置画布、添加滤镜等多种功能，如图 10-18 和图 10-19 所示。

图 10-18

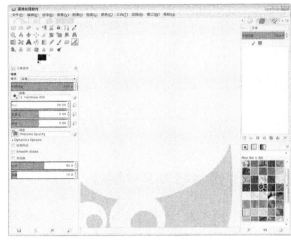

图 10-19

单击【文件】→【打开】选项，选中要打开的图像文件，单击【打开】按钮，如图 10-20 和图 10-21 所示。

图 10-20

图 10-21

提示！

在【打开图像】对话框中，龙芯提供的图像处理软件支持查看图像的缩略图，这样可以方便用户查找图像文件。

10.2.2 图像编辑

在编辑图像的过程中，需要用到绘图、画布、图层、滤镜等工具。

1. 绘图工具

绘图工具有很多种，作用也各不相同。绘图工具在工具栏面板的右下方，如图 10-22 所示。

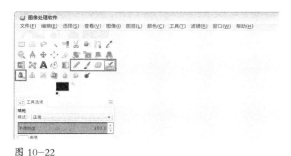

图 10-22

【铅笔工具】：使用画笔做硬边缘的绘画。

【画笔工具】：使用画笔做平滑的绘画。

【橡皮工具】：使用画笔擦除至背景或透明。

【喷枪工具】：使用带有可变压力的画笔工具绘图。

【墨水工具】：书法风格的绘制。

2. 画布设置

单击【图像】→【画布大小】选项，弹出【设置图像画布大小】对话框，在该对话框中，可以查看画布尺寸，同时可以更改画布尺寸和画布位移等，如图 10-23 和图 10-24 所示。

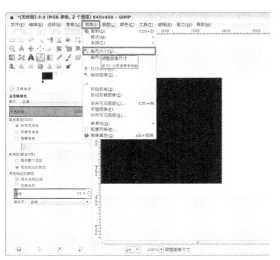

图 10-23

图 10-24

单击【图像】→【画布适配图层】选项，可以重置画布大小来容纳所有图层，如图 10-25 所示。

图 10-25

3. 图层

单击【图层】选项卡，此选项卡下有 9 个关于图层的操作，分别是新建图层、从可见项创建、新建图层群组、复制图层、删除图层、图层边界大小、图层到图像大小、缩放图层和自动裁剪图层，如图 10-26 所示。

【新建图层】：创建新的图层，并将其添加到图像。

【从可见项创建】：从此图像中的可见内容来创建新图层。

【新建图层群组】：创建新图层群组并将其添加到图像。

【复制图层】：创建图层副本，并将其添加到图像。

【删除图层】：删除此图层。

【图层边界大小】：调整图层尺寸。

【图层到图像大小】：将图层大小重设为图像尺寸。

【缩放图层】：改变此图层的大小。

【自动裁剪图层】：移除图层中空边缘。

图 10-26

|案例| 如何新建画布、图层

01. 单击【打开】→【新建】选项，创建一个新的图像界面。在此界面中，设置图像宽度为 640px、高度为 480px、分辨率为 72px、颜色模式为 RGB 模式、填充为前景色，单击【确定】按钮，如图 10-27 和图 10-28 所示。

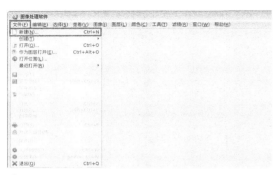

图 10-27

图 10-28

02. 单击【图层】→【新建图层】选项，打开【新建图层】对话框。在该对话框中，设置图层名称为示例1、宽度为 640px、高度为 480px、图层填充类型为透明，单击【确定】按钮，如图 10-29 所示。

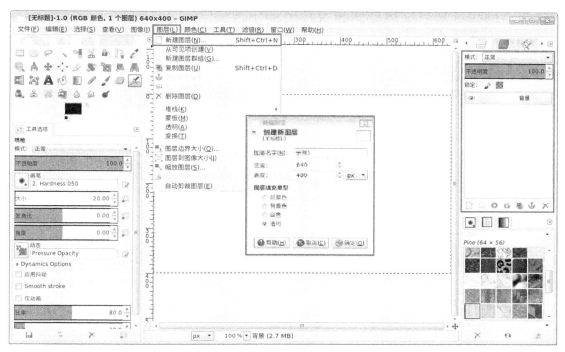

图 10-29

4．滤镜

单击【滤镜】选项卡，此选项卡下有 15 种风格的滤镜，分别是模糊、增强、扭曲、光源和阴影、噪音、边躁检测、常规、组合、艺术、装饰、映射、绘制、网页、动画和 Alpha 变徽标。不同的滤镜可以使图像产生不同的艺术效果，用户可以通过更改参数来调整滤镜效果，如图 10-30 所示。

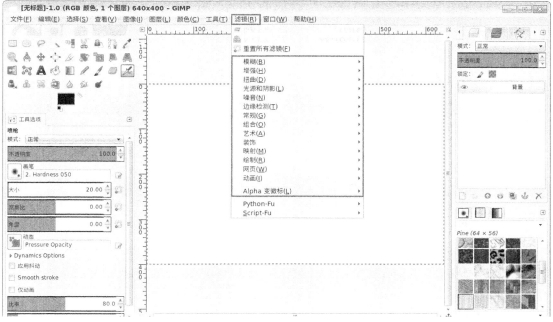

图 10-30

|案例| 如何使用高斯模糊滤镜进行模糊处理

01. 单击【滤镜】→【模糊】→【高斯模糊】选项，打开高斯模糊滤镜，如图 10-31 所示。

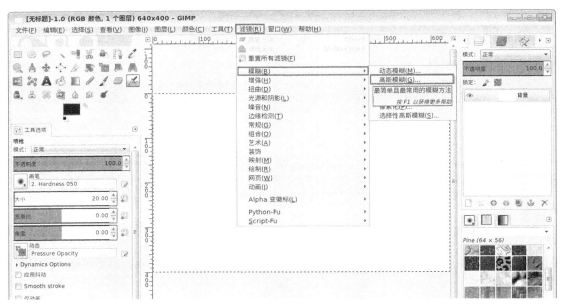

图 10-31

02. 弹出【高斯模糊】对话框，设置【模糊半径】为 "20px"，【模糊方法】为 "RLE"，如图 10-32 所示。

图 10-32

03. 设置完成后，效果如图 10-33 所示。

图 10-33

5. 历史

单击【编辑】→【撤消历史】选项，打开
界面右侧的【撤消历史】对话框。当出现失误操
作时，用户可以在此对话框中撤销操作或恢复操
作，如图 10-34 所示。

图 10-34

10.2.3　输出图片

单击【文件】→【保存】选项，打开【保存图像】对话框，在该对话框中，有 3 种文件类型可供选择，
分别是【GIMP XCF 图像】【bzip 存档】【gzip 存档】，如图 10-35 和图 10-36 所示。

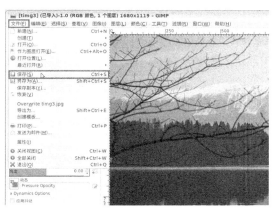

图 10-35

图 10-36

10.3 音频播放器

大部分音频文件都可以通过音乐播放器进行播放，在音乐播放器中，可以调整音频文件的播放进度、播放音量等。

10.3.1 打开音频文件

单击【开始】→【多媒体】→【音乐播放器】，打开音乐播放器界面。音乐播放器支持大部分格式的音频文件，如图 10-37 和图 10-38 所示。

图 10-37

图 10-38

单击【文件】→【打开文件】选项，选择要打开的音频文件，然后单击【打开】按钮，如图 10-39 和图 10-40 所示。

图 10-39

图 10-40

10.3.2 调整音频进度和音量

在播放音频时，可以在界面上方的工具栏中对音频的进度和音量进行调整，如图 10-41 所示。

图 10-41

【进度】：单击进度条或拖曳进度条，可以调整音频播放的进度。

【音量】：单击【音量】按钮，打开音量条，单击音量条或拖曳音量条，可以调整音量。

10.3.3　创建播放列表

单击【播放列表】→【新建】选项，创建新的播放列表，如图 10-42 和图 10-43 所示。

图 10-42

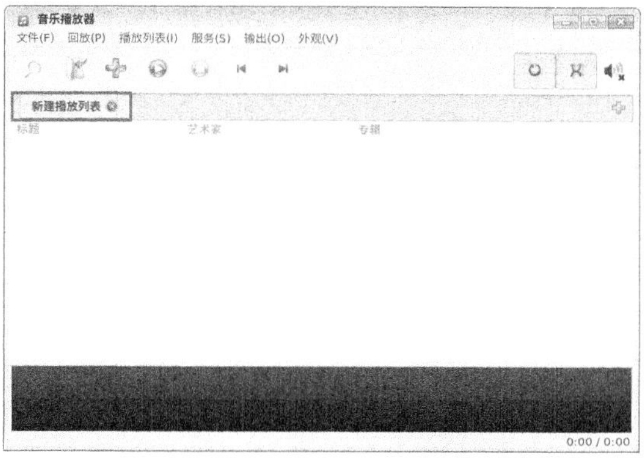

图 10-43

10.3.4　查看音频文件属性

使用鼠标右键单击音频文件，然后单击【属性】命令，打开文件属性对话框。在该对话框中，可以查看音频文件的基本属性，如名称、类型、大小、位置等，如图 10-44 和图 10-45 所示。

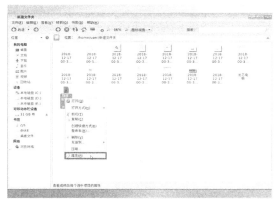

图 10-44

图 10-45

10.4 视频播放器

大部分视频文件都可以通过视频播放器打开，在视频播放器中，可以调整视频文件的播放进度、播放音量，设置是否全屏播放、循环播放等。

10.4.1 打开视频文件

单击【开始】→【多媒体】→【视频播放器】，打开视频播放器界面。视频播放器支持大部分格式的视频文件，如图 10-46 和图 10-47 所示。

图 10-46

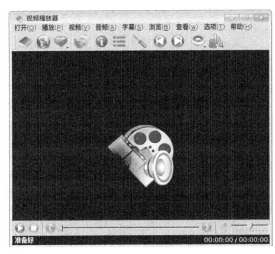

图 10-47

单击【打开】→【文件】选项，选择要打开的视频文件，单击【打开】按钮，如图 10-48 和图 10-49 所示。

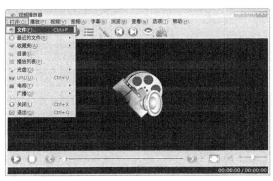

图 10-48

图 10-49

10.4.2 调整视频进度和音量、设置全屏播放

在播放视频时，可以在界面下方的播放工具栏中对进度、音量、全屏幕播放进行调整，如图 10-50 所示。

图 10-50

【进度】：单击进度条或拖曳进度条，可以调整视频播放的进度。

【音量】：单击进度条或拖曳进度条，可以调整视频播放的音量。

【全屏幕播放】：单击【全屏】按钮，可以设置全屏播放。

10.4.3　创建播放列表

单击界面上方工具栏的【播放列表】按钮 ，打开播放列表，单击播放列表下方的【重复】按钮 ，可以设置视频循环播放，如图 10-51 和图 10-52 所示。

图 10-51

图 10-52

10.4.4　查看视频文件属性

使用鼠标右键单击视频文件，然后单击【属性】命令，打开文件属性对话框。在该对话框中，可以查看视频文件的基本属性，如名称、类型、大小、位置等，如图 10-53 和图 10-54 所示。

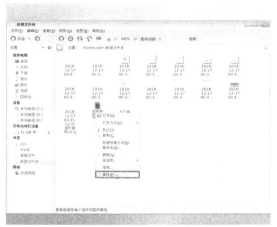

图 10-53

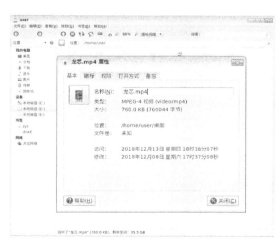

图 10-54

10.5 录音机

录音机可以用于采集电脑周围的声音，并储存和管理采集的录音。

10.5.1 开始录音

单击【开始】→【多媒体】→【录音机】，打开录音机界面，单击界面左上角的【录音】按钮，开始录音，如图 10-55 和图 10-56 所示。

图 10-55

图 10-56

10.5.2 查看录音文件列表

完成录音后，系统会自动在界面显示录音文件列表，如图 10-57 和图 10-58 所示。

图 10-57

图 10-58

10.5.3 查看硬盘上的录音文件

单击【我的电脑】→【本地磁盘 D】→【录音】，可以查看本地硬盘中所有的录音文件，如图 10-59 和图 10-60 所示。

图 10-59

图 10-60

10.6 摄像头

在工作中，有时需要开启摄像头功能，电脑摄像头可以用于采集摄像头前面的画面，并且可以拍照、录像等。龙芯桌面电脑提供了茄子大头贴这款应用软件，用户可以使用此软件完成拍摄。

10.6.1 运行"茄子大头贴"，开始摄像

单击【开始】→【多媒体】→【茄子大头贴】，启动茄子大头贴，如图 10-61 和图 10-62 所示。

图 10-61

图 10-62

单击【视频】按钮，进入摄像模式，然后单击【使用网络摄像头录制一段视频】按钮 ，开始录制视频，如图 10-63 所示。

图 10-63

10.6.2 拍摄照片

单击【照片】按钮，进入拍照模式，然后单击【使用网络摄像头拍照】按钮 ，开始拍摄照片，如图 10-64 所示。

图 10-64

10.7 游戏

电脑不仅是办公用品，还是比较常见的休闲娱乐用品。电脑里一般会自带很多小游戏，龙芯电脑提供了 5 种游戏，分别是【国际象棋】【黑白棋】【扫雷】【数独】和【纸牌游戏】。这里以打开【国际象棋】和【纸牌游戏】为例介绍开启游戏的操作步骤。单击【开始】→【游戏】→【国际象棋】/【纸牌游戏】，如图 10-65~ 图 10-68 所示。

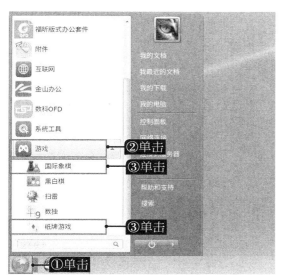

图 10-65

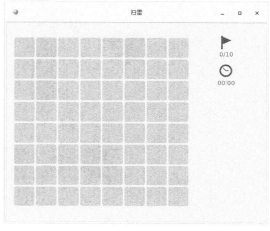

图 10-66

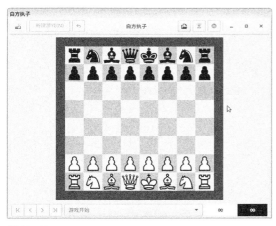

图 10-67

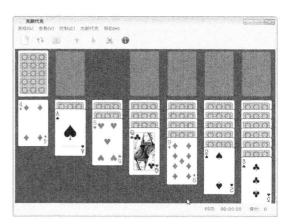

图 10-68

第11章

实用工具软件

龙芯操作系统提供的实用工具可以帮助用户提高工作效率，用户熟练掌握这些实用工具的各项功能后，可以迅速地完成各种工作任务。本章主要介绍计算器、记事本、命令提示符、屏幕截图、星际译王、便笺等的基础操作。

学习目标

了解龙芯桌面电脑的实用工具软件

了解龙芯实用工具软件与 Windows 实用工具

软件的区别

学习重点

快速上手龙芯系统的实用工具

主要内容

计算器

记事本

命令提示符

屏幕截图

星际译王

便笺

11.1 计算器

计算器是可以对数字进行数学运算的办公软件，单击【开始】→【附件】→【计算器】，启动计算器，计算器可以进行加法、减法、乘法、除法等基本运算，如图 11-1 和图 11-2 所示。

图 11-1

图 11-2

11.1.1 计算器界面介绍

计算器由菜单、计算区和虚拟键盘组成，如图 11-3 所示。单击虚拟键盘或电脑键盘的按键，可以输入数值或运算符号，计算过程和结果会显示在计算区。

提示！

如果在操作过程中不慎操作失误，可以单击【撤销】对数据进行修改。

图 11-3

11.1.2 4 种计算器模式

龙芯电脑的计算器包含 4 种模式，分别是基本、高级、财务、编程，不同模式对应不同的使用需求，如图 11-4 所示。

图 11-4

1. 基本模式

单击【模式】→【基本】单选钮，将计算器切换至基本模式。基本模式可以进行简单的数字运算及平方运算，如图 11-5 所示。

图 11-5

|案例| 如何用基本模式进行平方运算

01. 在计算区输入数值 "2" 后，单击【x^2】，如图 11-6 所示。

02. 单击【 = 】或按【 Enter 】键，完成运算，如图 11-7 所示。

图 11-6

图 11-7

2. 高级模式

单击【模式】→【高级】单选钮，将计算器切换至高级模式，如图 11-8 所示。高级模式增加了很多公式符号，适合各种公式运算，如角度、弧度等数值的换算。

图 11-8

|案例| 用高级模式进行角度换算弧度

01. 选择单位换算类型。在左侧下拉菜单中选择【角度】，在右侧下拉菜单中选择【弧度】，如图 11-9 所示。

02. 输入数值 "30"，系统会自动进行换算，如图 11-10 所示。

图 11-9

图 11-10

3. 财务模式

单击【模式】→【财务】单选钮，将计算器切换至财务模式，如图 11-11 所示。财务模式增加了很多财务函数符号，适合各种财务类运算，如货币间的换算。

图 11-11

| 案例 | 如何用财务模式进行货币换算

01. 选择需要换算的货币类型。在左侧下拉菜单中选择【人民币】，在右侧下拉菜单中选择【日元】，如图 11-12 所示。

02. 输入金额 "1"，系统会自动对金额进行换算，如图 11-13 所示。

图 11-12

图 11-13

4. 编程模式

单击【模式】→【编程】单选钮，将计算器切换至编程模式，如图 11-14 所示。编程模式增加了进制转换、位运算等功能，适合在编程类工作中使用。

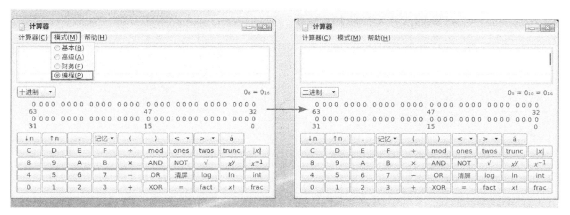

图 11-14

案例 如何用编程模式进行进制换算

01. 在左侧下拉菜单中选择【二进制】，如图 11-15 所示。

02. 在计算区输入 "110100"，系统会自动对数值进行换算，并在标记区域显示八进制、十进制、十六进制对应的数值，如图 11-16 所示。

图 11-15

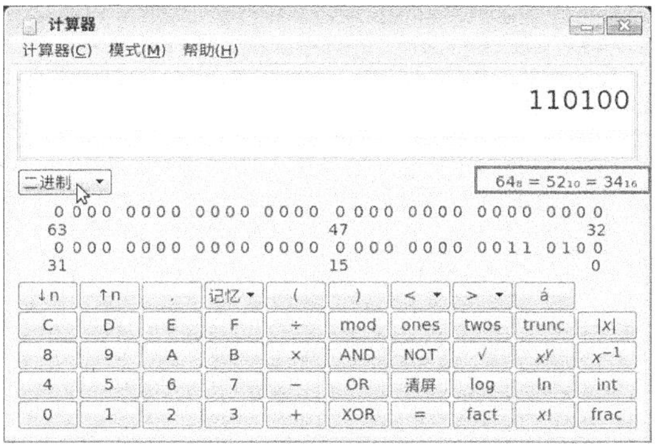

图 11-16

11.2 记事本

　　记事本是一个图形化的文本编辑器，主要用于编写和查看文本文件，属于常用的办公类软件。相较于 WPS 等专业的办公软件，记事本用起来更方便快捷。

11.2.1 打开记事本

　　单击【开始】→【附件】→【记事本】，启动记事本，如图 11-17 和图 11-18 所示。记事本具有记录文字信息、查找替换文本等功能。

图 11-17

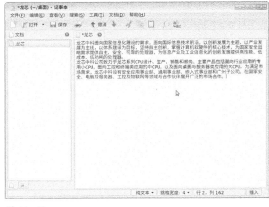

图 11-18

11.2.2 记事本查看菜单

单击【查看】选项卡，可调整记事本的工具栏、状态栏、侧边栏等，如图 11-19 所示。

单击【查看】选项卡，勾选【工具栏】复选框，会在界面上方显示工具栏，如图 11-20 和图 11-21 所示。在工具栏中，可以对文档进行新建、打开、保存、撤销等基础快捷操作。

图 11-19

图 11-20

图 11-21

【新建】按钮：建立新文档。

【打开】按钮：打开文档。

【保存】按钮：保存文档。

【打印】按钮：打印文档 。

【撤销上次操作】按钮：取消上次操作。

【重做上次撤销】按钮：取消撤销。

【剪切选中区域】按钮：对选中区域进行剪切。

【复制选中区域】按钮：对选中区域进行复制。

【粘贴剪切板的内容】按钮：将剪贴板中的内容粘贴至当前文档。

【搜索文字】按钮：对文本内容进行搜索。

【替换文字】按钮：对文本内容进行替换。

单击【查看】选项卡，勾选【状态栏】复选框，会显示状态栏，如图 11-22 所示。在状态栏中，可以对文本显示类型、跳格宽度进行调整，同时可以查看文本行、列数等。

图 11-22

单击【查看】选项卡，勾选【侧边栏】复选框，会显示侧边栏，在打开的文档较多的情况下，侧边栏可以用于快速切换文档，如图 11-23 和图 11-24 所示。

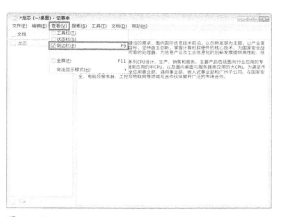

图 11-23

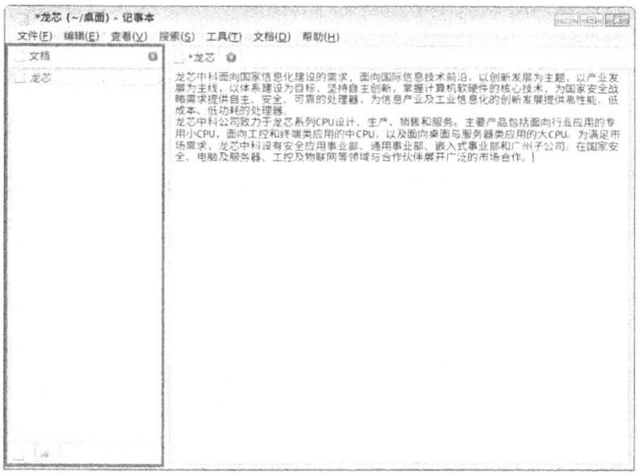

图 11-24

11.2.3　记事本搜索菜单

对于文本内容较多的文档，用户可以通过搜索选项卡下的功能对文本进行查找、替换、跳到行等操作，如图 11-25 所示。

图 11-25

|案例|　查找文本

01. 单击【搜索】→【查找】选项，弹出【查找】对话框，如图 11-26 和图 11-27 所示。

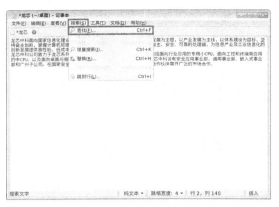

图 11-26

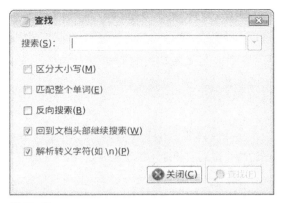

图 11-27

02. 在【搜索】框中输入"龙芯"，根据需要勾选【回
到文档头部继续搜索】和【解析转义字符】复选
框，该文档中所有的"龙芯"都会呈黄色高亮显
示，如图 11-28 所示。

图 11-28

|案例| 替换文本

01. 单击【搜索】→【替换】选项，弹出【替换】对话框，如图 11-29 和图 11-30 所示。

图 11-29

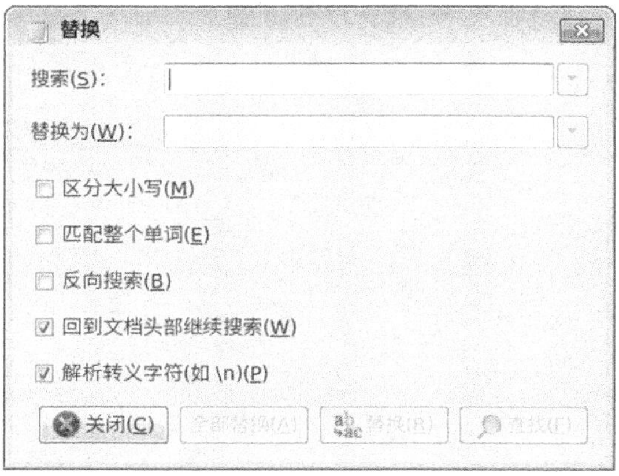

图 11-30

02. 在【搜索】框中输入"龙芯"，在【替换】框中输入"电脑"，单击【全部替换】按钮，如图
11-31 所示。

03. 文档中所有的"龙芯"会替换成"电脑"，可以用搜索功能查看替换效果，如图 11-32 所示。

图 11-31

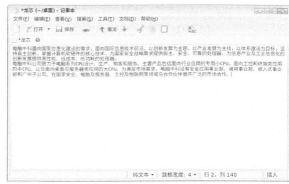

图 11-32

11.3　命令提示符

命令提示符是在操作系统中，提示进行命令输入的一种工作提示符。命令提示符可以用来检查系统版本信息、关机、搜索文件和修复系统等，单击【开始】→【附件】→【命令提示符】，启动命令提示符，如图 11-33 和图 11-34 所示。

图 11-33

图 11-34

龙芯桌面电脑根源于 Linux，支持所有传统的 Linux 命令行。有兴趣的读者可以参照人民邮电出版社的《鸟哥的 Linux 私房菜》一书，如图 11-35 所示。和传统 Linux 桌面相比，现在龙芯电脑的桌面系统已经在使用体验上有了本质提升，绝大部分日常操作都可以通过图形化的应用程序来实现，因此龙芯电脑的大部分操作不需要使用命令行。命令行方式只在对电脑进行维护、修理时使用，绝大多数用户不需要再掌握命令行方式。

图 11-35

|案例| **用命令提示符查看时间**

01. 在 {user@locahost~}$ 后输入 "date"，如图 11-36 所示。

02. 按【Enter】键，显示当前时间，如图 11-37 所示。

图 11-36

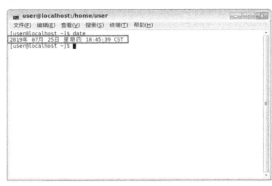

图 11-37

11.4 屏幕截图

屏幕截图功能可以用于截取界面上显示的内容并将其保存为特定格式的图片文件。

11.4.1 打开屏幕截图

单击【开始】→【附件】→【屏幕截图】，启动屏幕截图软件，如图 11-38 所示。屏幕截图共有 3 种截图模式，分别是抓取整个桌面、抓取当前窗口和选择一个截取区域。屏幕截图有 2 种特效，分别是包含指针和包含窗口边框，用户可以根据需要进行选择和调整，如图 11-39 所示。

图 11-38

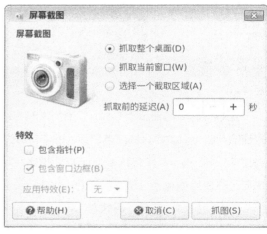

图 11-39

11.4.2　3 种截图模式

1. 抓取整个桌面模式

抓取整个桌面模式可以完整截取整个桌面的所有显示内容。

|案例| 如何截取整个电脑界面

01. 单击【抓取整个桌面】单选钮，设置【抓取前的延迟】为"3 秒"，勾选【包含指针】复选框，最后单击【抓图】按钮，如图 11-40 所示。

02. 在弹出的【保存抓图】对话框中设置截图名称为"示例 1"，选择保存于"桌面"，单击【保存】按钮，如图 11-41 所示。

图 11-40

图 11-41

> **提示!**
> 用户可以通过设置特效，选择截图中是否包含指针和显示窗口边框。抓取前的延迟是指单击抓图后和系统截图前的时间，用户可根据自己的需求设置。

2. 抓取当前窗口模式

抓取当前窗口模式可以截取当前选中的窗口的内容。

|案例| 如何截取当前窗口界面

01. 单击【抓取当前窗口】单选钮，设置【抓取前的延迟】为"3 秒"，勾选【包含指针】【包含窗口边框】复选框，单击【抓图】按钮，如图 11-42 所示。

02. 在弹出的【保存抓图】对话框中设置截图名称为"示例 2"，选择保存于"桌面"，单击【保存】按钮，如图 11-43 所示。

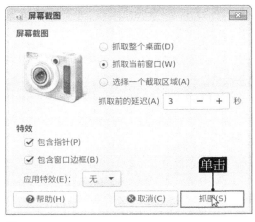

图 11-42

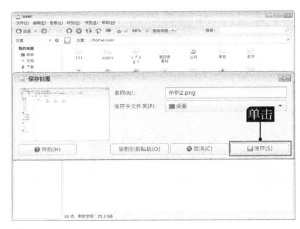

图 11-43

3. 选择一个截取区域模式

选择一个截取区域模式可以截取指定区域的内容。

|案例| 截取指定区域内容

01. 单击【选择一个截取区域】单选钮，然后单击鼠标左键选择截取区域，此操作和 Windows 系统的截图操作相同，如图 11-44 所示。

02. 在弹出的对话框中设置截图名称为"示例 3"，选择保存于"桌面"，单击【保存】按钮，如图 11-45 所示。

图 11-44

图 11-45

提示！
在选择一个截取区域模式下，无法设置抓取延迟和特效。

11.5 星际译王

星际译王是一款跨平台的国际词典软件，它具有联网翻译、访问星际译王主页和词典管理等功能。

单击【开始】→【附件】→【星际译王】，启动星际译王，如图 11-46 和图 11-47 所示。星际译王可以对文本进行翻译，此外，星际译王内含多个辞典，用户可以根据需要自行选择辞典。

图 11-46

图 11-47

|案例| 翻译单词

单击界面上方的输入框，输入文本"你好"，系统会自动对文本进行翻译，如图 11-48 和图 11-49 所示。

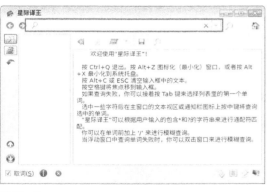

图 11-48

图 11-49

星际译王右下角的功能栏增加了联网翻译、访问星际译王、词典管理和界面管理功能，如图 11-50 所示。

【联网翻译】按钮：可以在互联网上搜索更全面的单词信息，使用鼠标右键单击此按钮还可以选择想要使用的网站，如图 11-51 所示。

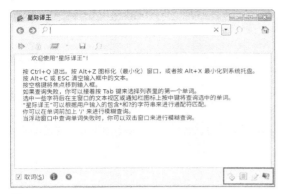

图 11-50

图 11-51

【访问星际译王】按钮：可以直接访问星际译王主页，如图 11-52 所示。

【词典管理】按钮：可以对词典进行排序、管理，如图 11-53 所示。

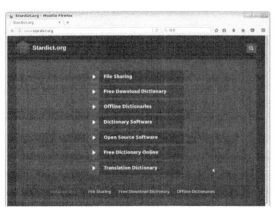

图 11-52

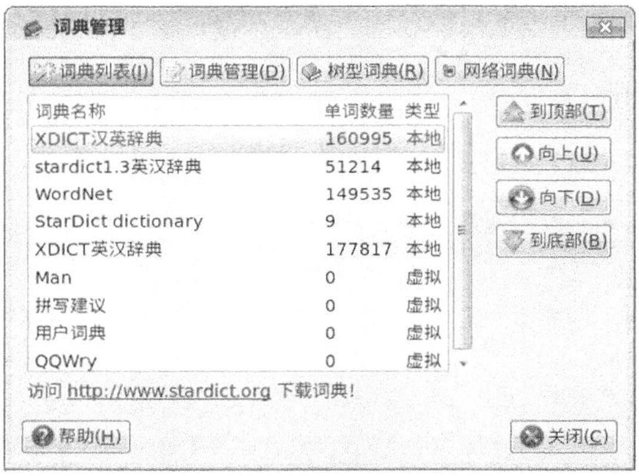

图 11-53

【首选项】按钮：可以对星际译王的各项配置进行调整，如图 11-54 所示。

图 11-54

|案例| 添加搜索网站

01. 单击【首选项】→【主窗口】→【搜索网站】，打开搜索网站界面，可以看到提供的搜索网站，如图 11-55 和图 11-56 所示。

图 11-55

图 11-56

02. 单击【添加】按钮，弹出【添加】对话框。输入网站名称、网站地址和网站搜索地址，以"百度"为例，如图 11-57 所示。

03. 单击【确定】按钮，搜索网站界面显示"百度"网站，如图 11-58 所示。

图 11-57

图 11-58

> **提示！**
> 添加网址时，一定要仔细确认网站地址是否正确，否则不能进入网站界面。

11.6 便笺

便笺主要用于提醒重要事项。相较于记事本这类工作软件，便笺更方便快捷。单击【开始】→【附件】→【便笺】，启动便笺，如图 11-59 和图 11-60 所示。

图 11-59

图 11-60

11.6.1 建立便笺

单击【新建】按钮，建立新的便笺，如图 11-61 所示。

图 11-61

11.6.2 便笺首选项

便笺首选项可以对所有便笺进行调整和分类。单击【设置】→【首选项】选项，如图 11-62 和图 11-63 所示。

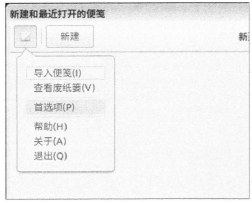

图 11-62

图 11-63

1. 便笺版本

　　单击【便笺版本】选项卡查看设置，此时选择的默认颜色、系统字体将被应用于所有的便签版本。如果要更改字体，可将【使用系统字体】更改为【关闭】，然后单击【便笺字体】打开字体选择面板，设置字体和字号。如果更改颜色，可以单击【默认颜色】打开便笺颜色面板，单击【＋】可以更改便笺颜色，如图 11-64 和图 11-65 所示。

图 11-64

图 11-65

2. 主便笺本

　　主便笺本可以对便笺进行分类存储，如图 11-66 所示。

图 11-66

11.6.3　管理便笺

　　界面右上角的管理栏可以对便笺进行管理，如图 11-67 所示。

图 11-67

【搜索】按钮：搜索便笺标题、内容和便笺本。

【查看形式】按钮：查看便笺的方式有列表形式和网格形式。

【选择模式】按钮：可以批量修改便笺，单独设置便笺本的颜色和在独立窗口打开。

│案例│ 自定义便笺颜色

01. 单击【选择模式】，进入选择模式界面，单击【颜色】进入设置颜色模式界面，如图 11-68 和图 11-69 所示。

图 11-68

图 11-69

02. 单击 按钮进入自定义颜色界面，在输入框中输入"#2D97D5"，单击【选择】按钮，如图 11-70 和图 11-71 所示。

图 11-70

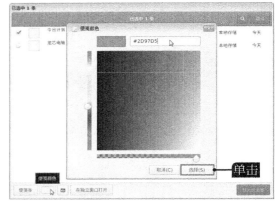

图 11-71

03. 单击自定义色块，更改便笺颜色，如图 11-72 和图 11-73 所示。

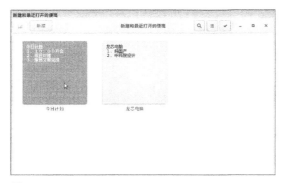

图 11-72

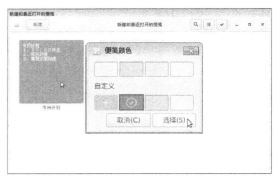

图 11-73

提示!

　　【选择模式】处的自定义模式是对选中的便笺进行单独设置，而首选项处的颜色设置是对所有便笺进行设置。两种设置面对的便笺数量不同，但是设置的操作方法基本相同。

第 三 篇

龙芯电脑的
配置与管理

第 **12** 章

系统配置

龙芯电脑提供的系统配置可以帮助用户配置自己的计算机。本章主要介绍用户管理、远程桌面登录工具、龙芯桌面电脑配置、电源管理、防火墙设置等内容。

学习目标

了解龙芯电脑的系统配置

了解龙芯电脑的系统配置与 Windows 系统的
区别

学习重点

快速了解龙芯电脑的系统配置，可以对龙芯电
脑进行自定义配置

主要内容

系统在线更新

用户管理

远程桌面登录工具

龙芯电脑配置

12.1 系统更新

系统更新会增加新的功能，它需要用户在连接网络的情况下对电脑进行升级，以保证电脑处于最新系统的状态。

12.1.1 系统在线更新

1."系统更新"工具

单击【开始】→【系统工具】→【系统更新】，弹出【系统更新】对话框，如图 12-1 所示。可以发现系统正在查询可更新的项目，如图 12-2 所示。选择要更新的项目，单击【安装更新】按钮，即可更新相应项目。

图 12-1

图 12-2

2.系统升级配置

01.单击【设置】按钮，如图 12-3 所示，弹出【系统更新设置】对话框。

02.用户可以设置更新选项、更新配置或关机自动更新，如图 12-4 所示。

图 12-3

图 12-4

> **提示！**
> 一定要在连接网络后，才能进行系统在线升级。

12.1.2 查询系统信息

为了方便用户了解电脑，龙芯电脑提供了可用于查询系统信息的工具。

单击【开始】→【系统工具】→【系统信息】，如图 12-5 所示，弹出【操作系统－系统信息】界面，在该界面中，用户可以查询各种系统信息，如图 12-6 所示。

图 12-5

图 12-6

12.2   用户管理

用户管理包括更改用户图片和用户密码。

12.2.1 用户管理界面

单击【开始】→【控制面板】，弹出【控制面板】界面，在该界面中，可以对主题和背景、网络连接、声音和系统更新等进行设置，如图 12-7 和图 12-8 所示。

图 12-7

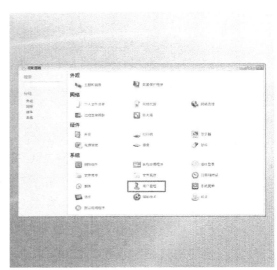

图 12-8

单击【用户管理】,弹出【关于 user】对话框,在该对话框中,可以更改用户密码,查看用户管理中心,如图 12-9 所示。

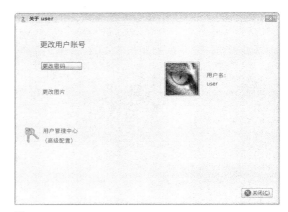

图 12-9

12.2.2 更改用户密码

|案例| 如何更改用户密码

01. 单击【开始】→【控制面板】,在控制面板界面中单击系统组中的【用户管理】,然后单击【更改密码】按钮,弹出【更改密码】对话框,如图 12-10 所示。

图 12-10

02. 输入当前密码，单击【身份验证】按钮，如果验证通过，下方会显示"已通过身份验证！"字样，表示可以更改密码，如图 12-11 所示。

03. 验证通过后，便可以在【新密码】框中输入新密码，输入新密码后，需要再输入一次，以便进行密码校验，然后单击【更改密码】按钮，完成用户密码的更改，如图 12-12 所示。

图 12-11

图 12-12

> **提示！**
>
> 　　如果验证未通过，则会显示"密码错误。"，表示无法更改密码，如图 12-13 所示。

图 12-13

12.2.3　更改用户图片

|案例|　如何更改用户图片

01. 单击【开始】→【控制面板】，在控制面板界面中选择系统组中的【用户账户】，单击【更改图片】按钮，如图 12-14 所示。

02. 弹出【选择图像】对话框，用户可根据自己的喜好选择自己喜欢的图片，如图 12-15 所示。

图 12-14

图 12-15

03.双击选中的图片，即可更改用户图片，如图
12-16 所示。

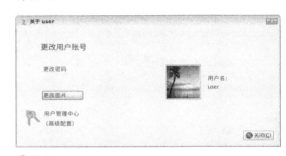

图 12-16

12.2.4 用户管理中心

龙芯电脑的用户管理中心提供了可以添加新用户、修改账户信息的工具。

单击【开始】→【控制面板】，在控制面板界面中选择系统组中的【用户账户】，单击【用户
管理中心】按钮，如图 12-17 所示。

弹出【授权】对话框，提示需要用户授权。先输入密码，然后单击【授权】按钮，如图 12-18
所示。

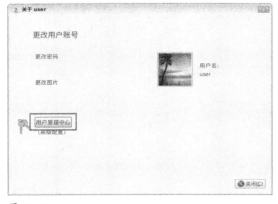

图 12-17

图 12-18

弹出【用户管理器】界面，【用户管理器】界面由菜单栏、工具栏和用户显示面板组成，如图 12-19 所示。

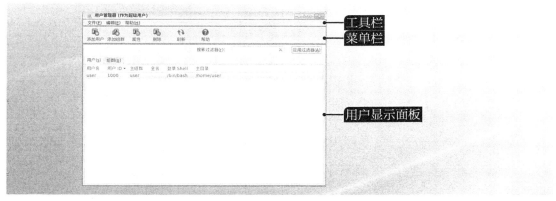

图 12-19

1. 选择用户相关规则

单击【编辑】→【首选项】选项，如图 12-20 所示，选择用户的 UID 和 GID 的相关规则，如图 12-21 所示。

图 12-20

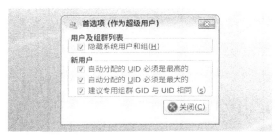

图 12-21

2. 修改用户信息

01. 选择某个用户，然后单击【属性】按钮，如图 12-22 所示。

02. 弹出【用户属性】对话框，在该对话框中，用户可以对用户名、全称等用户属性进行修改，如图 12-23 所示。

图 12-22

图 12-23

3. 添加用户或组

通过菜单或工具栏上的按钮可以添加用户或组群。

｜案例｜ 如何添加用户或组群

01. 单击【用户管理器】界面上的【添加用户】或【添加组群】按钮，如图 12-24 所示。
02. 弹出【添加新用户】对话框，输入用户名、全称、密码等相关信息，如图 12-25 所示。

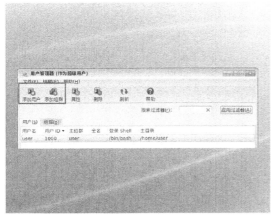

图 12-24

图 12-25

03. 单击【确定】按钮，完成添加用户或组群，如图 12-26 所示。

图 12-26

｜案例｜ 如何删除用户或组群

单击要删除的用户，弹出【您肯定想删除用户 "uio" 吗？】字样，单击【是】按钮，删除该用户，如图 12-27 所示。

图 12-27

12.3　远程桌面登录工具

远程登录是一个 UNIX 命令，它允许授权用户进入网络中的其他 UNIX 机器，就像用户在现场操作一样。

具体操作可参考 6.8 节的相关内容。

12.4　龙芯桌面电脑配置

龙芯桌面电脑提供网络、任务栏、时间日期、显示、切换桌面主题等系统配置，可以方便用户使用电脑。

12.4.1　网络配置

用户可以对系统列出的可连接的网络进行编辑，也可以自己添加新网络或删除网络。

具体操作可参见 6.1 节连接网络中的相关内容。

12.4.2　设置任务栏

使用鼠标右键单击【任务栏】，然后单击【属性】命令，如图 12-28 所示，弹出【面板属性】对话框，该对话框中有常规、背景两大选项卡，如图 12-29 所示。

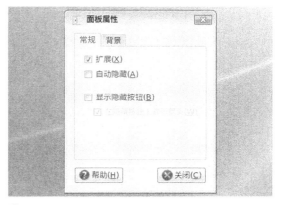

图 12-28

图 12-29

1. 设置任务栏的扩展与隐藏

一般情况下，任务栏显示在桌面底部，勾选【自动隐藏】复选框，任务栏会隐藏一半，如图 12-30 所示，勾选【显示隐藏按钮】复选框，隐藏按钮上会显示箭头，单击箭头，菜单栏会隐藏，如图 12-31 所示。

图 12-30

图 12-31

2. 设置任务栏的背景

01. 一般情况下，任务栏不使用系统背景。龙芯电脑提供了 2 种任务栏背景，分别是纯色和背景图像，如图 12-32 所示。

图 12-32

02. 单击【纯色】单选钮，可以设置任务栏主题为纯色，用户可以设置主题颜色和不透明度，如图 12-33 所示。

03. 单击【背景图像】单选钮，可设置本地任意图片为任务栏主题，如图 12-34 所示。

图 12-33

图 12-34

12.4.3 音量设置

单击【开始】→【控制面板】，在【控制面板】界面中单击系统组中的【声音】，弹出【声音首选项】对话框，该对话框由输出声音、输入声音、声音效果、硬件和应用程序等组成，用户可以在该对话框中调节声音大小和声音效果等，如图 12-35 所示。

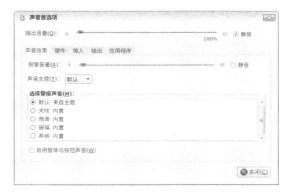

图 12-35

|案例| 如何调节声音大小

01. 左右滑动"输出音量"滑杆，可以调节声音的大小，如图 12-36 所示。用户还可以播放音频试听声音，如图 12-37 所示。

图 12-36

图 12-37

02. 单击桌面右下角的声音图标，也可以调节音量大小，如图 12-38 所示。

图 12-38

12.4.4 时间日期设置

单击【开始】→【控制面板】，在【控制面板】界面中单击系统组中的【日期和时间】，弹出【日期和时间系统设置】对话框，在该对话框中，可以设置日期和时间，如图 12-39 和图 12-40 所示。

图 12-39   图 12-40

12.4.5 显示设置

为方便用户更舒适地查看显示屏，龙芯电脑提供了显示器首选项、屏幕保护程序等显示设置。

1. 更改屏幕分辨率

单击【开始】→【控制面板】，在【控制面板】界面中单击系统组中的【显示器】，弹出【显示器首选项】对话框，在该对话框中，用户可以调节分辨率、刷新率和旋转，如图 12-41 所示。

图 12-41

|案例| **如何调节分辨率**

单击【分辨率】右侧的下拉按钮，设置分辨率，然后单击【应用】按钮，弹出【显示是否正常】对话框。在该对话框中单击【恢复之前的配置】按钮，电脑分辨率会恢复为之前的设置；单击【保持当前配置】按钮，则电脑会设置为当前的分辨率，效果如图 12-42 所示。

图 12-42

2.外接投影仪设置，双屏切换

对于视频编辑或图像处理爱好者来说，一个显示器有时满足不了使用需求，此时就用到了分屏。分屏至少需要两个屏幕，除了龙芯桌面电脑自身的屏幕外，另一个可以是投影仪、电视或电脑屏幕。用户需要准备和龙芯桌面电脑匹配的HDMI 接口的连接线，如图 12-43 所示，连接好后可以进行分屏操作。

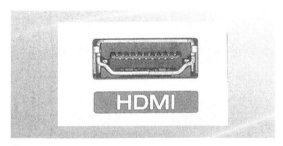

图 12-43

3.双屏镜像屏幕

01. 调出控制面板，选择【显示器】，如图 12-44 所示。

02. 弹出【显示器首选项】对话框，勾选【在所有显示器显示同样的图像】复选框，即可开启镜像屏幕功能，在连接好的另一块显示器中会显示与本电脑相同的内容。在对话框的右侧，用户可以对连接显示器的分辨率、刷新率以及旋转参数进行设置，如图 12-45 所示。

图 12-44

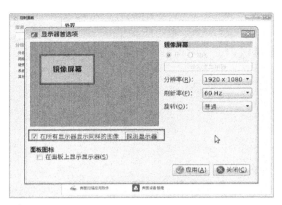

图 12-45

03. 取消勾选【在所有显示器显示同样的图像】复选框，打开扩展双屏功能。在窗口中，粉色部分是龙芯电脑的显示区域，绿色部分是扩展显示器的显示区域，如图 12-46 所示。

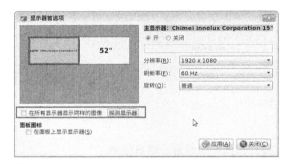

图 12-46

04. 扩展后的效果如图 12-47 所示，左侧为龙芯电脑中的画面，右侧为外接显示器中的画面。向右拖曳想要分屏的程序，就可以把程序拖曳到另一个屏幕上了，这样就实现了分屏。

图 12-47

4. 设置屏幕保护

单击【开始】→【控制面板】，在控制面板界面中单击系统组中的【屏幕保护程序】，弹出【屏幕保护程序首选项】对话框，可以看到龙芯电脑提供了"黑屏幕""浮动 GNOME""浮动的 MATE""浮动的麒麟"等屏幕保护主题，用户可以根据自己的喜好选择喜欢的主题。对话框的下方可调节在空闲一定时间后启动计算机屏幕保护程序，如图 12-48 和图 12-49 所示。

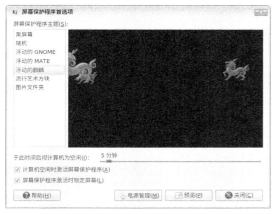

图 12-48

图 12-49

|案例| 如何设置屏幕保护

单击【流行艺术方块】屏幕保护主题，调节设置于"1分钟后"视计算机为空闲，如图 12-50 所示。1 分钟后，计算机启动屏幕保护程序，如图 12-51 所示。

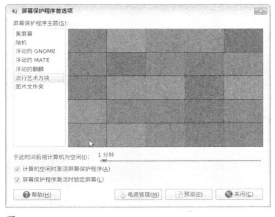

图 12-50

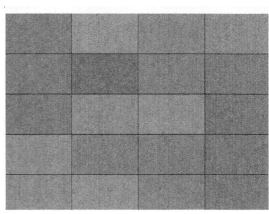

图 12-51

5.桌面背景

桌面背景可以是个人收集的图片，也可以是系统提供的图片。龙芯桌面电脑自带了很多漂亮的背景图片，用户可以从中选择自己喜欢的图片作为桌面背景。此外，用户还可以把自己收藏的精美图片设置为桌面背景。

|案例| 如何更改桌面背景

01.单击【个性化设置】→【背景】，打开【主题和背景首选项】对话框。该对话框中显示了一些系统自带的图片，如图 12-52 所示。用户可以通过单击【添加】或【删除】按钮来添加或删除背景图片。

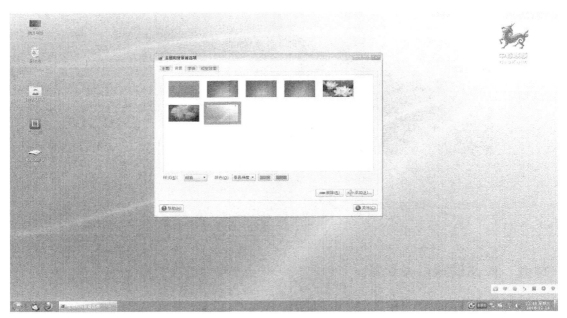

图 12-52

02. 选择"荷花"背景图片，系统会立马切换桌面背景为"荷花"，如图 12-53 所示。修改完成后，单击【关闭】按钮。

图 12-53

12.4.6 切换桌面主题

龙芯桌面电脑为用户提供了默认和经典两种桌面主题，用户可根据情况自由选择。

单击【开始】→【控制面板】，在控制面板界面中单击系统组中的【主题和背景】，弹出【主题和背景首选项】对话框，该对话框的菜单栏由主题、背景、字体和视觉效果这 4 部分组成，用户可以根据喜好选择适合自己的主题、背景、字体等，如图 12-54 所示。

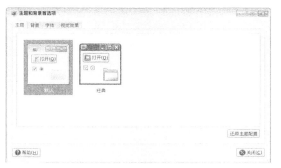

图 12-54

提示！

　　使用鼠标右键单击【桌面】→【个性化设置】命令，也可以打开【主题和背景首选项】对话框，如图 12-55 所示。

图 12-55

|案例| **如何切换桌面主题**

电脑默认的主题如图12-56所示，单击【经典】主题，可以将桌面主题切换为【经典】，如图12-57所示。

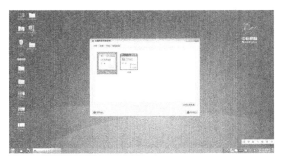

图 12-56

图 12-57

12.4.7　电源管理

　　单击【开始】→【控制面板】，在控制面板界面中单击系统组中的【电源管理】，弹出【电源首选项】对话框，该对话框的菜单栏由交流电供电时、电池供电时和常规这 3 部分组成，用户可以根据需要进行设置，如图 12-58 所示。

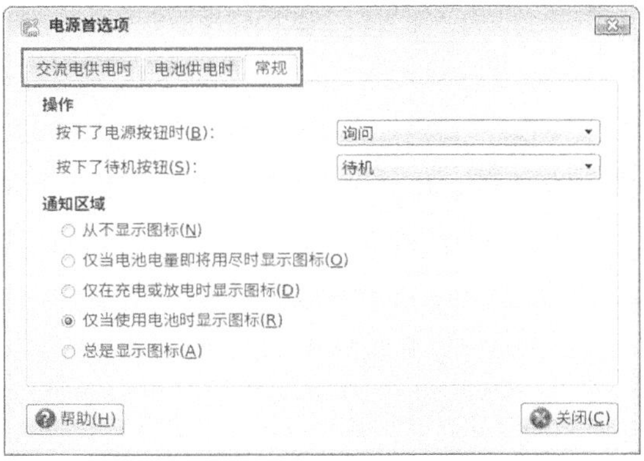

图 12-58

12.4.8 防火墙设置

单击【开始】→【控制面板】，在控制面板界面中单击系统组中的【防火墙】，弹出【防火墙配置】对话框。该对话框中有启动和关闭防火墙两个单选项，设置防火墙可以阻止未授权用户通过网络访问计算机，保护您的电脑，如图 12-59 所示。

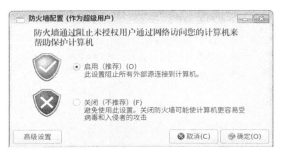

提示！

防火墙服务有延时，在启动和关闭过程中会弹出提示窗口，完成设置后窗口会自动消失。单击【关闭】单选钮后将无法进行防火墙的高级设置。

图 12-59

| 案例 | **如何设置防火墙**

单击【启用】单选钮，【高级设置】按钮变亮，单击【高级设置】按钮，弹出【防火墙配置】对话框，用户可以在该对话框中对具体服务权限进行设置，如图 12-60 所示。

图 12-60

12.4.9 任务管理器

单击【任务栏】→【任务管理器】，如图 12-61 所示，弹出【任务管理器】对话框，该对话框的菜单栏由监视器、编辑、查看、帮助这 4 部分组成，其下还有系统、进程、资源、文件系统 4 个标签页，如图 12-62 所示。

图 12-61

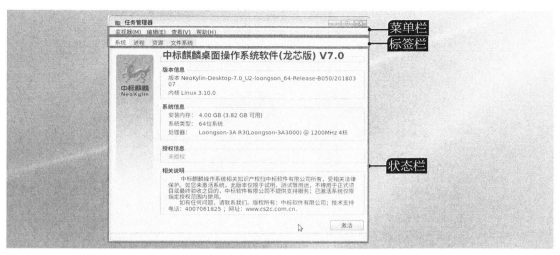

图 12-62

　　在【任务管理器】对话框中，可以查看当前系统的进程，系统资源占用情况等，如果连接网络，还可以查看网络历史，如图 12-63 所示。（CPU 指中央处理器，是一台电脑的运算核心和控制核心。）

　　单击【进程】标签页，使用鼠标右键单击一个任务，可以对任务进行停止、继续、结束、更新等操作，如图 12-64 所示。

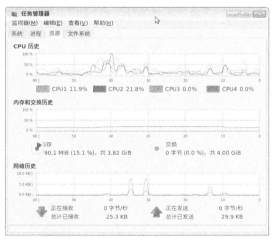

图 12-63

图 12-64

第**13**章

系统管理

在使用电脑的过程中，有时需要重新安装系统、升级系统。对于电脑中的重要文件，我们通常需要备份。本章主要介绍安装操作系统及备份文件的方法等内容。

学习目标

学习制作系统盘

了解龙芯电脑系统备份和恢复

学习重点

了解并掌握系统盘的制作方法

主要内容

制作系统盘

安装操作系统

查看系统信息和系统在线升级

系统备份和恢复

13.1 安装操作系统

安装操作系统有光盘安装、U 盘安装等方法，这里也主要讲解这两种方法。在安装操作系统前，需要准备好两样东西，一样是龙芯电脑的镜像文件，另一样是能启动的光盘或 U 盘。

13.1.1 制作系统盘

系统盘的制作方法有两种：一种是光驱版本的，将龙芯电脑的镜像文件通过第三方软件（光盘刻录器）刻录到光盘上；另一种是 U 盘版本的，将 U 盘制作成启动盘，然后使用命令将龙芯电脑的镜像文件写入 U 盘，用于 U 盘安装。

1. 制作安装光盘

将龙芯电脑的镜像文件刻录至光盘，完成安装光盘的制作。

01. 单击【开始】→【附件】→【光盘刻录器】，弹出【光盘刻录器】对话框，如图 13-1 和图 13-2 所示。

图 13-1

图 13-2

02. 单击【刻录镜像】按钮，弹出【镜像刻录设置】对话框，选择"龙芯桌面操作系统镜像文件 .iso"，如图 13-3 所示。

03. 单击【刻录】按钮，等待镜像文件刻录完成，如图 13-4 所示。

图 13-3

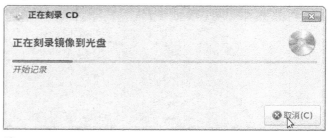

图 13-4

2. 制作安装 U 盘

　　制作安装 U 盘时，安装 U 盘的存储空间不能小于 4GB，用户可以通过使用命令将镜像文件写入 U 盘，完成安装 U 盘的制作，镜像文件的格式为".iso"。安装操作系统时，把安装 U 盘连接到电脑，从 U 盘启动系统 BIOS，按照提示可以完成操作系统的安装。

01. 通过光盘刻录器刻录龙芯桌面操作系统的镜像文件（以镜像文件名为 Neokylin-Desktop-img.iso 为例），然后使用下方的命令将镜像文件写入到 U 盘里，制成安装 U 盘。

```
#mkdir /mnt/iso /mnt/usb
#mount-o loop Neokylin-Desktop-img.iso /mnt/iso
#mount /dev/sdb1   /mnt/usb/
#cp /mnt/iso/ks.cfg   /mnt/usb/
#mkdir /mnt/usb/boot
#cp /mnt/iso/boot/vmlinuz   /mnt/iso/boot/grub.efi /mnt/iso/boot/initrd.img /
mnt/usb/boot
#cp /mnt/iso/tools/USB-install/*   /mnt/usb/boot
#umount   /mnt/iso
#cp Neokylin-Desktop-img.iso /mnt/usb
#sync
#umount/mnt/usb
```

02. 按照提示完成操作。

13.1.2 图形化安装操作系统

1. 全盘安装

01. 将安装光盘或安装 U 盘连接至电脑，按下开机键，系统会自动进入龙芯电脑的安装程序欢迎界面，如图 13-5 所示。

02. 全盘安装会删除硬盘上的所有分区，重新创建分区，如图 13-6 所示。

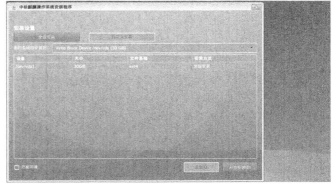

图 13-5　　　　　　　　　　　　　　　图 13-6

03. 单击【开始安装】按钮，弹出【选择安装方式】对话框，如图 13-7 所示。若安装程序未检测到已全盘安装的其他版本的龙芯电脑的系统，则【全盘安装（保留用户数据）】按钮无法单击。

04. 单击【确认】按钮，进入【资料写入】界面，如图 13-8 所示。

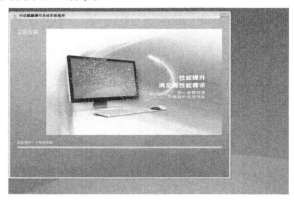

图 13-7

图 13-8

2. 指定分区安装

在指定分区安装中，指定的分区大小不能小于 16GB。指定分区将被格式化为所选文件系统类型。

01. 单击【自定义安装】按钮，然后单击【添加】按钮■，弹出【添加新挂载点】对话框，设置挂载点和期望容量，如图 13-9 和图 13-10 所示。

图 13-9

图 13-10

02. 单击【添加挂载点】按钮，如图 13-11 所示，然后单击【开始安装】按钮，进入【资料写入】界面，显示安装进度，如图 13-12 所示。

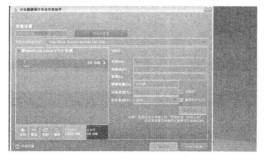

图 13-11

图 13-12

3. 结束页面

系统安装成功，单击【立即重启】按钮，开始使用新的系统，如图 13-13 所示。

> **提示！**
> 连接电脑的 U 盘或光盘一定要保证可用，并且在连接电脑时，注意不要使电脑受到震动。

图 13-13

13.2　查看系统信息

如果电脑不能正常工作，可以先查看系统配置，了解出现问题的原因。

单击【开始】→【系统工具】→【系统信息】，弹出【操作系统 – 系统信息】对话框，单击【操作系统】，用户可以查看有关系统的详细信息，包括版本信息、环境信息和运行信息，如图 13-14 所示。

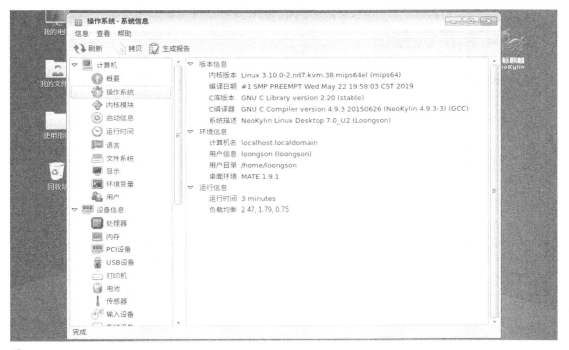

图 13-14

13.3 系统在线升级

通过系统更新，可以修补安全漏洞以及提供新功能，让系统更安全、稳定，防止被黑客或病毒攻击。

01.单击【开始】→【系统工具】→【系统更新】，弹出【系统更新】对话框，如图13-15和图13-16所示。

02.勾选全部复选框，单击【安装更新】按钮。

图 13-15

图 13-16

13.4 系统备份

操作系统有时会因磁盘损坏、电脑病毒或人为误删等原因造成系统文件丢失，从而造成操作系统不能正常使用，此时，系统备份就显得非常重要。

01.单击【开始】→【系统工具】→【备份还原】，弹出【备份还原】对话框，如图13-17和图13-18所示。

图 13-17

图 13-18

图 13-19

提示！

　　如果采用自定义安装，则"系统备份还原"功能不可用，大多数用户会采用全盘安装，自定义安装适合有一定计算机基础的用户使用，如图 13-19 所示。

02. 单击【系统备份】→【立即备份】，弹出【重启系统】对话框，如图 13-20 所示，单击【是】按钮，系统重启，进入备份还原模式。用户还可以给备份还原功能指定启动时间，系统将会在指定时间进入备份还原模式，如图 13-21 所示。

图 13-20

图 13-21

03. 重启系统后，在引导选项中选择"System Backup and Restore"，进入中标麒麟"备份恢复"程序欢迎界面，如图 13-22 所示。

04. 单击【下一步】按钮，进入【备份或恢复】界面，单击【系统备份】单选钮，然后单击【退出】按钮，退出程序并重启电脑，如图 13-23 所示。

图 13-22

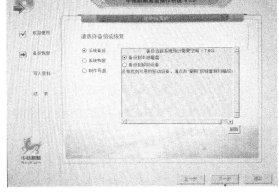

图 13-23

05.单击【下一步】按钮，会弹出确认是否要进行"系统备份"的对话框，如图 13-24 所示，单击【确认】按钮，进入【写入资料】界面，开始写入备份数据，如图 13-25 所示。

图 13-24

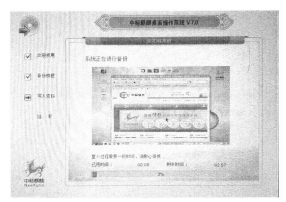

图 13-25

06.完成备份后，自动跳转到【结束】界面。单击【重启】按钮，会重启系统；单击【关机】按钮，会关闭系统，如图 13-26 所示。

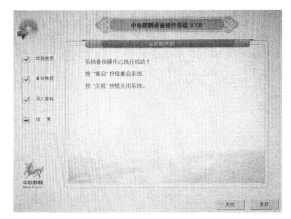

图 13-26

13.5 系统恢复

系统恢复指的是系统自带的恢复功能，主要作用是修复受损或被破坏的系统文件，如果修复成功，那么，所有安装的软件程序和数据都能完整保留。

第 **13** 章　系统管理

01.重启系统后，在引导选项中选择"System Backup and Restore"，进入中标麒麟备份恢复程序欢迎页面，然后单击【下一步】按钮，进入【备份或恢复】界面，单击【系统恢复】单选钮，如图 13-27 所示。

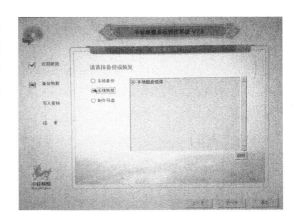

图 13-27

02.单击【下一步】按钮，弹出确认是否要继续系统初始恢复操作的对话框，如图 13-28 所示。单击【确认】按钮，进入【写入资料】界面，开始初始数据恢复写入，如图 13-29 所示。单击【取消】按钮，对话框会消失，返回至图 13-27。

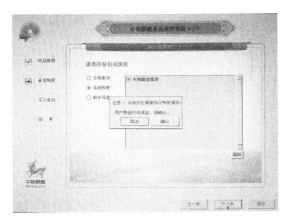

图 13-28

图 13-29

03.恢复完成后，自动跳转到【结束】界面。单击【重启】按钮，会重启系统；单击【关机】按钮，会关闭系统，如图 13-30 所示。

图 13-30

13.6 制作母盘

　　母盘分为两种：第一种是用作客户机克隆或拷贝用的母盘，它相当于 U 盘，通过用 GHOST 等工具把各种软件和程序克隆到客户机中；第二种是用作无硬盘启动用的母盘，现在大多应用于网吧等场所，用服务器系统带动的客户机，即无盘系统母盘，这种母盘一般包含各种软件及应用程序在内的所有的东西，这种母盘有很强的改动性和针对性，可随时调节等。

01. 重启系统后，在引导选项中选择 "System Backup and Restore"，进入中标麒麟备份恢复程序欢迎页面，单击【下一步】按钮，进入【备份或恢复】界面，单击【制作母盘】单选钮，如图 13-31 所示。如果单击【退出】按钮，则会退出程序并重启电脑。

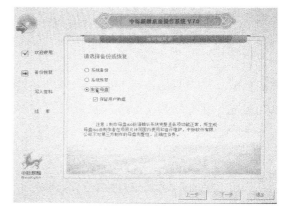

图 13-31

02. 单击【下一步】按钮，会弹出一个对话框，提示确认是否要继续制作母盘的操作，如图 13-32 所示。单击【确认】按钮，进入【写入资料】界面，开始制作母盘，如图 13-33 所示。

图 13-32

图 13-33

03.母盘制作完成后，自动跳转到【结束】界面。单击【重启】按钮，可以重启系统；单击【关机】按钮，可以关闭系统，如图 13-34 所示。

图 13-34

附录　疑难解答

附录 A 系统类

Q: 如何更改电脑登录密码？ 014

A: 单击【开始菜单】→【user】命令，打开【更改密码】对话框，按照提示更改密码，如图 1-15 和图 1-17 所示。

图 1-15

图 1-17

Q: 如何用快捷键关机？ 017

A: 按住【🪟】+【F4】组合键，其默认选项为【关机】，可快速关闭电脑。

Q: 如何快速切换任务窗口？ 022

A: 用户可以按住【Alt】+【Tab】组合键在不同的窗口之间切换。按住【Alt】键，继续按【Tab】键，可以切换至下一个任务窗口，松开组合键，则切换到该任务窗口，如图 2-5 所示。

图 2-5

Q: 如何将程序固定到任务栏？ 023

A: 在【开始菜单】中找到要固定在任务栏的程序，单击鼠标左键，按住不放，将程序拖动到任务栏中，如图 2-7 和图 2-8 所示。

图 2-7

图 2-8

Q: 如何快速搜索程序或应用？ 024

A: 单击【开始菜单】，显示最常用的应用程序列表。单击最下方的搜索栏，通过输入关键词来快速查找相应程序，如搜索"微信"，如图 2-12 和图 2-13 所示。

图 2-12

图 2-13

Q: 如何安装应用？ 030

A: 在龙芯电脑的应用商店中，用户可以获取并安装所需的应用程序，如图 2-27所示。

提示！

　　在安装软件时，要注意查看系统空间是否足够，以保证软件能顺利安装。

图 2-27

Q: 如何安全卸载电脑上的软件？ 069

A: 单击【开始菜单】→【系统工具】→【中标麒麟软件中心】，勾选需要卸载的软件，单击【卸载】按钮，在弹出的对话框中单击【确定】按钮，即可卸载该软件，如图 4-6 所示。

> **提示！**
>
> 如果想要恢复卸载的软件，可以在商店里搜索该软件并重新安装。

图 4-6

Q: 如何设置日期和时间？ 191

A: 单击【开始】→【控制面板】，在【控制面板】界面中单击系统组中的【日期和时间】，弹出【日期和时间系统设置】对话框，在该对话框中，用户可以设置日期和时间，如图 12-39 和图 12-40 所示。

图 12-39

图 12-40

Q: 如何更改桌面背景？ 195

A: 单击【个性化设置】→【背景】命令，打开【主题和背景首选项】对话框，在该对话框中，用户可更改桌面背景，如图 12-52 所示。

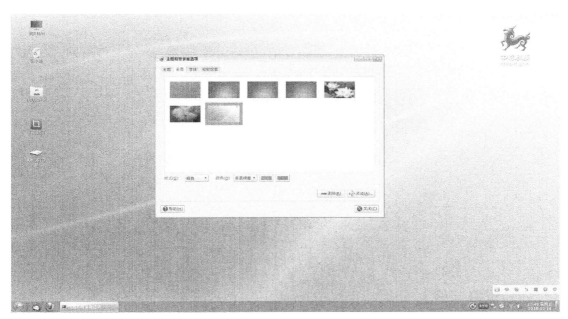

图 12-52

附录 B 办公类

Q: 文件列表有哪些显示方式？ 037

A: 在龙芯电脑中，文件列表的显示方式有 3 种，分别是图标视图、列表视图和紧凑视图，如图 3-12 所示。

图 3-12

Q: 怎样查看文件的属性？ 038

A: 选中要查看属性的文件或文件夹，使用鼠标右键单击所选对象，在弹出的快捷菜单中单击【属性】命令，弹出【新建/属性】对话框，用户可以在该对话框中查看文件的名称、类型、内容、位置等属性，如图 3-19 和图 3-20 所示。

图 3-19

图 3-20

215

Q: 如何快速复制或移动文件？ 042

A: 复制或移动文件的方法主要有两种：一种是完全使用鼠标；另一种是使用鼠标和快捷键。后者比前者更快捷、方便、高效，如图 3-35 和图 3-39 所示。详情请参见 3.4 节。

图 3-35

图 3-39

Q: 如何删除文件？ 045

A: 删除文件的方法有很多，主要有使用鼠标右键删除、拖曳到回收站删除和使用【Delete】键删除，如图 3-43、图 3-46 和图 3-47 所示。

图 3-43

图 3-46

图 3-47

Q: 如何隐藏文件？ 047

A: 在文件名的开头加一个"."，可以给文件或文件夹设置隐藏属性。单击【查看】→取消勾选【显示隐藏文件】按钮，文件或文件夹就会被隐藏，如图 3-54 和图 3-55 所示。

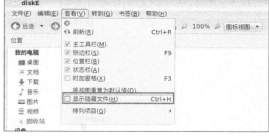

图 3-54

图 3-55

Q: 如何显示隐藏文件? 048

A: 单击【查看】→勾选【显示隐藏文件】复选框，或使用快捷键【Ctrl】+【H】，均可显示隐藏的文件，如图 3-56 所示。

图 3-56

> **提示!**
>
> 隐藏文件的作用是保护用户的隐私,防止重要的资料泄露,防止错误的操作造成错改、删除文件等。

Q: 如何压缩文件? 048

A: 在需要压缩的文件或文件夹上单击鼠标右键，在弹出的快捷菜单中单击【压缩】→【创建】命令，等待几秒，系统会自动创建一个压缩文件，名称与所压缩的文件相同，如图 3-58 和图 3-60 所示。

图 3-58

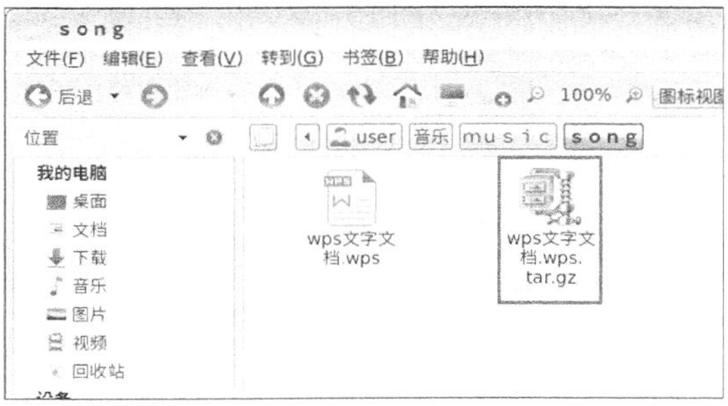

图 3-60

Q: 如何解压缩文件? 049

A: 在需要解压缩的文件或文件夹上单击鼠标右键，在弹出的快捷菜单中单击【解压缩到】命令，然后在弹出的对话框中选择解压位置，等待几秒，系统会自动解压缩文件，名称与所压缩的文件相同，如图 3-61 和图 3-62 所示。

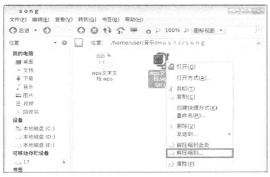

图 3-61

图 3-62

Q: 如何打开 U 盘？ 051

A: 将 U 盘插入电脑的 USB 接口，电脑识别后会在"我的电脑"中出现一个新的盘符和可移动硬盘图标。另外，在桌面右下角的通知区域也会出现一个盘符图标，单击图标可以访问 U 盘，如图 3-67 和图 3-68 所示。

图 3-67

图 3-68

Q: 如何安全弹出 U 盘？ 052

A:U 盘使用完毕后，选中 U 盘，单击鼠标右键，然后单击【弹出】命令，最后拔出 U 盘，如图 3-73 所示。

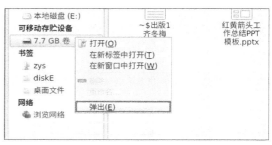

图 3-73

Q: 如何切换输入法？ 075

A: 单击面板输入法的图标，显示输入法列表，龙芯电脑提供了几种常见的输入法，分别是英语、搜狗拼音输入法、万能五笔和智能拼音输入法，单击要使用的输入法即可完成切换，如图 5-4 所示。

图 5-4

Q: 如何打开 WPS 文字？ 104

A: 单击【开始】→【金山办公】→【WPS 文字】，启动 WPS 文字，如图 7-1 所示。

图 7-1

Q: 如何保存 WPS 文字? 105

A: 单击【文件】→【保存】选项，即可保存 WPS 文字，若要保存到其他位置，可以单击【文件】→【另存为】选项，然后选择保存位置，如图 7-7 所示。

图 7-7

Q: 如何打开文档查看器? 116

A: 单击【开始】→【办公】→【文档查看器】，启动文档查看器，如图 7-53 所示。

> **提示!**
> 　文档查看器可用于查看大多数常见格式的文档，其主要具有页面缩放、页面旋转、查找文本、打印文档、多种阅读模式等功能。

图 7-53

Q: 如何使用摄像头? 157

A: 单击【开始】→【多媒体】→【茄子大头贴】，启动茄子大头贴，单击【视频】按钮，启动摄像模式，单击【使用网络摄像头录制一段视频】按钮 ，开始录制视频，如图 10-63 所示。

> **提示!**
> 　使用摄像头时，注意拍摄物不要被其他东西遮挡，以免出现录制的视频有斑点或图片不清晰的情况。

图 10-63

Q: 如何玩小游戏？ 158

A: 龙芯电脑提供了 5 种游戏，分别是【国际象棋】【黑白棋】【扫雷】【数独】【纸牌游戏】，如图 10-65 和图 10-66 所示。

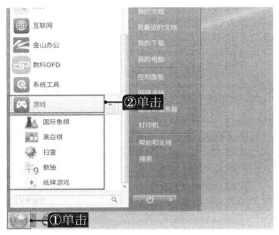

图 10-65

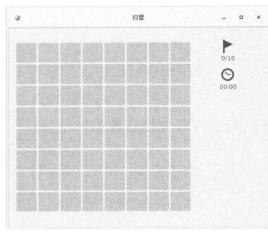

图 10-66

Q: 如何打开记事本？ 165

A: 单击【开始】→【附件】→【记事本】，启动记事本，记事本具有记录文字信息、查找替换文本等功能，如图 11-17 和图 11-18 所示。

图 11-17

图 11-18

Q: 如何替换记事本中的文本？ 168

A: 单击【搜索】→【替换】选项，弹出【替换】对话框，在【搜索】框中输入要替换的文本，在【替换为】框中输入替换成的文本，如图 11-29 和图 11-30 所示。

图 11-29

图 11-30

Q：如何使用屏幕截图？ 170

A：单击【开始】→【附件】→【屏幕截图】，启动屏幕截图软件，用户可以设置抓取整个桌面、抓取当前窗口或选择一个截取区域，如图 11-38 和图 11-39 所示。

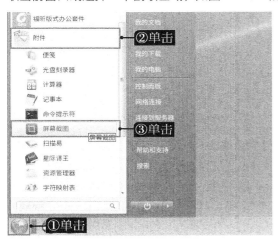

图 11-38

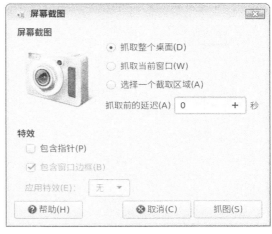

图 11-39

Q：屏幕截图里的包含指针是什么意思？ 171

A：特效设置是根据用户需求选择是否在截图内显示鼠标指针和窗口边框。抓取前的延迟是指单击抓图后和系统截图前的时间，用户可根据自己的需求设置，如图 11-40.所示。

> **提示！**
> 一般情况下，默认勾选【包含指针】复选框，这样可以方便用户看到鼠标单击的位置。

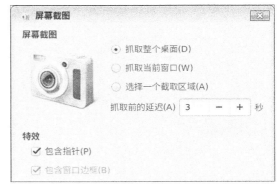

图 11-40

Q: 如何翻译单词？ 173

A: 单击【开始】→【附件】→【星际译王】，启动星际译王，星际译王可以对文本进行翻译，如图 11-46 和图 11-49 所示。

图 11-46

图 11-49

Q: 如何建立便笺？ 175

A: 单击【开始】→【附件】→【便笺】，启动便笺，然后单击【新建】按钮，可以建立新的便笺，如图 11-59 和图 11-61 所示。

图 11-59

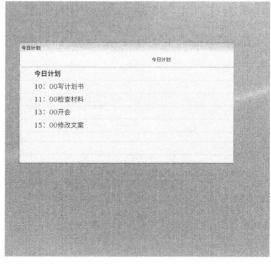

图 11-61

附录 C 上网类

Q: 如何连接无线网络? 084

A: 单击【网络连接】图标，系统会显示自动搜索到的可用的
无线网络，选中想要连接的网络，弹出【输入密码】对话框，输
入密码，单击【连接】按钮即可连接无线网络，如图6-2和图6-3
所示。

图6-2

> **提示!**
> 龙芯笔记本电脑在连接 Wi-Fi 前，要在电脑的侧面，找到
> Wi-Fi 开关并打开。

图6-3

Q: 如何连接有线网络? 084

A: 单击【网络连接】图标，系统会显示自动搜索到的无线网络，单击【编辑连接】选项，弹出【网
络连接】对话框，单击【添加】按钮，选择有线连接，进入网络连接对话框，当前采用手动分配IP
的功能，添加IP地址、子网掩码等相关信息，单击【保存】按钮，完成连接，如图6-5、图6-6、
图6-7和图6-8所示。

图6-5

图6-6

图6-7

图6-8

Q: 如何打开浏览器? 086

A: 龙芯桌面电脑提供了两种浏览器，分别是火狐浏览器和谷歌浏览器，如图6-11和图6-13所示。

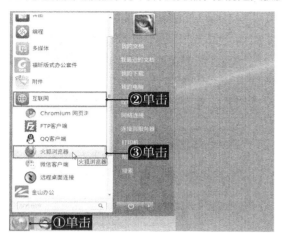
图6-11

图6-13

Q: 如何访问常用网站? 088

A: 网站是指在因特网上根据一定的规划，使用HTML等工具制作的用于展示特定内容相关网页的集合。常用的网站有百度、新浪、京东等，如图6-20所示。

图6-20

Q: 如何实现在线播放? 089

A: 打开一个在线视频网站，搜索想要播放的视频内容，单击播放，可以在线播放视频，如图6-22所示。

提示!
在网络质量较好的情况下观看视频，可以获得更好的观看体验。

图6-22

Q: 如何查找历史记录？ 091

A: 在使用电脑浏览资料时，电脑会留下痕迹，用户可以查找网页浏览历史记录来查找浏览痕迹，但只能查找最近两天的内容。单击菜单栏的【历史记录】按钮 ⊙，即可在本地查看历史记录，如图6-34和图6-35所示。

图 6-34

图 6-35

Q: 如何登录微信？ 093

A: 单击【开始】→【互联网】→【微信客户端】，弹出【微信网页版】页面，使用手机扫描二维码，可以登录微信，如图6-43和图6-44所示。

图 6-43

图 6-44

Q: 如何搜索、下载网络资源？ 96

A: 单击【开始】→【互联网】→【火狐浏览器】，弹出"Firefox 浏览器"主页面，在搜索条中输入想下载的词条，即可搜索并下载网络资源，如图 6-51 和图 6-52 所示。

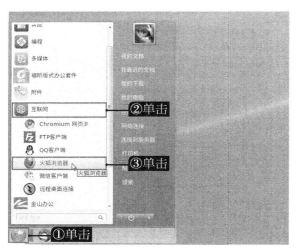

图 6-51

图 6-52

Q: 如何使用 FTP 客户端？ 97

A: 单击【开始】→【互联网】→【FTP 客户端】，要使用 Filezilla 来上传（下载）文件，首先需要设定 FTP 服务器地址、授权访问的用户和密码，如图 6-59 和图 6-60 所示。

图 6- 59

图 6-60

附录 D 打印类

Q: 如何打印 WPS 文字文档？ 131

A: 打开需要打印的 WPS 文件，单击【文件】→【打印】选项，弹出【打印】对话框，设置打印属性，单击【确定】按钮，如图 9-15 和图 9-16 所示。

图 9-15

图 9-16

Q: 如何打印 PDF 格式的文档？ 133

A: 使用文档查看器打开一个 PDF 格式的文档，单击【文件】→【打印】选项，弹出【打印】对话框，设置打印属性，然后单击【打印】按钮，如图 9-19 和图 9-20 所示。

图 9-19

图 9-20

Q: 如何打印 OFD 格式的文档？ 133

A: 使用文档查看器打开一个 OFD 格式的文档，单击【文件】→【打印】选项，弹出【打印】对话框，设置打印属性，然后单击【打印】按钮，如图 9-21 和图 9-22 所示。

图 9-21

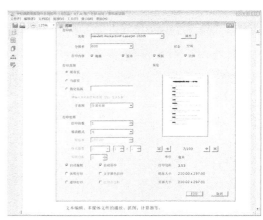

图 9-22

Q: 如何打印扫描完成的图像？ 138

A: 单击【扫描仪】 ▆▆ →【文档】→【打印】，弹出【打印】对话框，在【常规】选项卡下，选择要使用的打印机，单击【打印】按钮，如图 9-36 所示。

图 9-36

Q: 如何设置页面范围？ 138

A: 单击【所有页面】单选钮，则打印所有的页面；单击【当前页】单选钮，则打印当前的页面; 单击【页面】单选钮，则可以自定义打印页面，如图 9-39 所示。

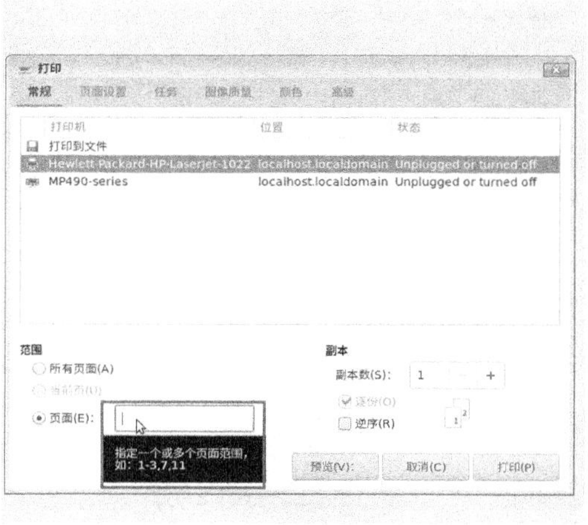

图 9-39

附录 *E*　扫描类

Q: 如何启动扫描易？ 135

A: 单击【开始】→【附件】→【扫描易】，启动扫描易，如图 9-26 和图 9-27 所示。

图 9-26

图 9-27

Q: 如何扫描？ 136

A: 单击【扫描】右侧的下拉箭头 ，在下拉列表中选择【文本】或【照片】选项。选择【文本】选项，则扫描出来的是黑白效果；选择【照片】选项，则扫描出来的是照片效果。此处选择【文本】选项，单击【扫描】按钮，如图 9-30 和图 9-31 所示。

图 9-30

图 9-31